广西高等职业教育示范特色专业系列教材

（园艺技术专业群）

作物生产创业项目分析

杨　杰　主编

中国农业大学出版社

·北京·

内容简介

本教材由总论和各论两部分构成。总论以作物生产专业校友的典型创业故事为主线，分别从创业能力、选择创业项目、评估创业项目市场、组建创业团队、预测启动资金、申办企业、经济效益分析、判断企业能否生存、防范创业风险 9 个方面进行了详细介绍。各论以 5 个具体的创业项目为案例，分别介绍了其所处的行业分析、效益分析、风险评估、实现创业等内容。

本书可作为高等职业院校作物生产技术、园艺技术、种子生产技术、生物技术等专业的教学用书。

图书在版编目(CIP)数据

作物生产创业项目分析/杨杰主编.—北京：中国农业大学出版社，2019.6
ISBN 978-7-5655-2220-8

Ⅰ.①作… Ⅱ.①杨… Ⅲ.①作物-栽培技术-高等职业教育-教材 Ⅳ.①S31

中国版本图书馆 CIP 数据核字(2019)第 109658 号

书　　名　作物生产创业项目分析
作　　者　杨　杰　主编

策划编辑　姚慧敏　司建新　　**责任编辑**　姚慧敏　康昊婷
封面设计　郑　川
出版发行　中国农业大学出版社
社　　址　北京市海淀区学清路甲 38 号　　**邮政编码**　100083
电　　话　发行部 010-62818525，8625　　读者服务部 010-62732336
编辑部 010-62732617，2618　　出　版　部 010-62733440
网　　址　http：// www.caupress.cn　　**E-mail**　cbsszs@cau.edu.cn
经　　销　新华书店
印　　刷　北京鑫丰华彩印有限公司
版　　次　2019 年 6 月第 1 版　2019 年 6 月第 1 次印刷
规　　格　787×1 092　16 开本　17.75 印张　310 千字
定　　价　55.50 元

教材编审委员会

编写人员

主　编　杨　杰（广西农业职业技术学院）

副主编　周晓舟（广西农业职业技术学院）

　　　　梁耀平（广西农业职业技术学院）

参　编　邓玲姣（广西农业职业技术学院）

　　　　刘　云（广西农业职业技术学院）

　　　　罗永明（广西农业职业技术学院）

　　　　梁运波（广西农业职业技术学院）

　　　　王小欣（广西农业职业技术学院）

　　　　钟莉传（广西农业职业技术学院）

　　　　杨　苛（广西农业职业技术学院）

　　　　陆家逸（广西逸兴农业发展总公司）

主　审　杨昌鹏（广西农业职业技术学院）

副主审　罗英极（广西农业职业技术学院）

　　　　梁珠民（广西农业职业技术学院）

前　言

在大众创业、万众创新的时代背景下，创新创业教育也由精英教育转向大众教育，我国创新创业教育体系不断完善，创新创业教育已成为高校人才培养的新的着力点。大学生依托专业投身创业的越来越多，创新创业已成为一种生活方式、价值导向和时代气息。

本书由总论和各论两部分构成，紧扣作物生产专业，以在作物生产行业开展的创业项目为主线。总论按照真实的创业过程设计成9大步骤，以一个作物生产专业校友的典型创业故事为主线，把整个创业过程演变成一个连贯的、具有实际操作性的业务训练，按照“了解创业能力——选择创业项目——评估创业项目市场——组建创业团队——预测启动资金——申办企业——经济效益分析——判断企业能否生存——防范创业风险”的步骤设计教学。

各论部分以具体的创业项目为案例，通过开展行业分析、效益分析、风险评估、实现创业，把完整的精品创业案例展现在学生面前，让学生通过学习本专业的典型创业案例，激发他们依托本专业开展创业的激情。

本书具有以下特色：

(1)体系完整、条理清晰。创业项目分析设计的知识技能多而广，本书选用的创业项目具有完整性、系统性、可操作性、实用性强的特点，贴近实践，能使学生在较短的时间内掌握创业项目的流程和要领。

(2)紧扣专业，通俗易懂。本书在编写上力求结合大学生的特点，注重所选创业案例的典型性、本土性和时效性。5个典型创业项目故事都以所学专业为背景，重点分析所学专业的市场行情、经济效益、风险评估等，使抽象的创业变得更加具体、贴近实际。通过分析具体的创业项目，引导学生学习和思考。

本书由杨杰担任主编，周晓舟、梁耀平任副主编，具体编写分工如下：总论步骤一至步骤九由杨杰编写；各论项目一由邓玲姣编写；项目二由刘云编写；项目三由罗永明编写；项目四由王小欣编写；项目五由梁运波编写；杨苛、陆家逸参与部分创业案例收集；全书由杨杰、钟莉传、周晓舟统稿、定稿。

本书可作为高等职业院校作物生产专业类选作教材之用。

本书编写过程中借鉴、参考了国内大量创业指导与创业教育研究方面的文献资料，以及一些专家教授的理论和观点，书中引用的案例和材料部分来自期刊、网络，在此致以诚挚的感谢。

由于本书涉及的内容较广，知识更新较快，加之编者水平及教学经验有限，时间仓促，书中存在的不足，衷心希望读者提出宝贵意见。

编者

2019年3月

目　录

第一篇　总论

第二篇　各论

第一篇　总　论

农业是国民经济的基础，作物生产是农业的基础，关乎国家粮食与食品安全和国民经济及社会的安危。目前，我国正处于由传统作物生产向现代作物生产过渡的关键时期，保持作物生产行业科学而可持续发展，有利于推进我国社会主义新农村建设，促进国民经济又好又快发展和全面建设小康社会。

“大众创业，万众创新”的“双创”新时代，为我们提供了新的创业机遇，依托作物生产行业创业成功的佼佼者们为我们立足农业创业指明了方向。无论是独树一帜、自我创业，还是追随他人、参与创业，我们都将是新时代的创业者。如何依托作物生产专业实现成功创业呢？我们将给您提供一把钥匙，希望能帮助您开启立足农业进行创业的大门，迈向创业的征程。

步骤一

作物生产创业者素质和能力分析

知识目标

1. 了解作物生产创业者应具备的基本素质和能力。
2. 掌握提高创业能力和素质的方法。

技能目标

1. 能够分析创业者应具备的基本素质和能力。
2. 能够运用提高创业能力和素质的方法,提升自己的创业能力。

【郑军的创业故事(一)——我适合创业吗?】

郑军来自广西武鸣区的一个乡镇,曾在广西一所农类高职院校作物生产专业就读。经过系统的专业学习和实践,他毕业后准备依托专业寻找一个好的创业项目,进行创业。但同时他又有很多疑惑:他虽然有一定的作物生产专业知识,能吃苦,做事情肯动脑钻研,也做过学生干部,加入过社团,有一定的组织管理经历,但他也听说创业风险很大,一旦决策不对,可能会血本无归、倾家荡产。因此他对自己是否具备创业的能力没有把握。

创业者在商海中拼搏,创业成败与否和创业者的素质和能力直接相关。本项目将介绍成功创办一个作物生产类企业所面临的挑战,评价一个创业者应具备的创业素质和能力。

任务一　创办作物生产企业面临的挑战分析

一、什么是作物生产企业

作物生产企业是以营利为目的,在作物生产领域内从事生产经营或为其提供专业服务的经济组织。从动态角度看,作物生产企业可以是一个个人、一个家庭或一个群体等。

作物生产企业既要从市场上购买商品(种子、肥料、农药等),又要在市场上销售其生产的商品(农产品或农资产品等)。这些经营活动形成了两股流(图 1-1-1):

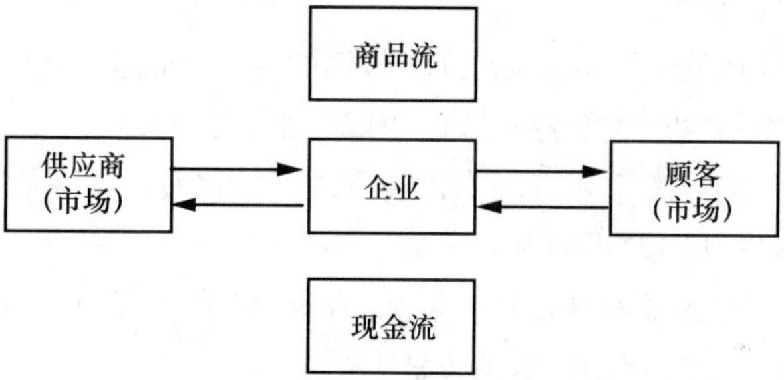

图 1-1-1　经营活动循环示意图

商品流——指从市场上购买商品(种子、设备、生产资料等),并向市场销售商品(农产品、农资产品等)的商品活动流。

现金流——指现金的支出(农业机器设备、农资生产用品、租金、工资等)和现金的流入(销售农产品的收入等)的现金活动流。

寻找创业项目,开办企业的目的是为了营利,所以流入企业的资金应该多于流出企业的资金。一个经营成功的作物生产企业,商品流和现金流的流入和流出会不断地循环往复,不间断地进行采购、生产和销售活动。

二、创办作物生产企业面临的挑战分析

创办企业意味着你将要开展从事企业的经营活动,这与你给人打工是完全不同的。可以说,创办企业是你人生中的一个重大决定,它将会让你的生活变的与众不同。它需要你全力以赴,做大量艰辛的工作,才可能取得创业成功。一旦你获得

成功，你为之付出的努力会使你获得经济收益，获得心灵的满足，实现自我的价值。但是，需要你记住的是，创业既有好处，也有风险。

创业可以使你获得许多好处。例如：

1. 更好地掌握自己的命运，充分发挥自己的才干。

2. 能帮助个人积累财富，改善家庭生活条件，为家人提供一个比较好的生活环境。

3. 能从事自己喜欢的事业并从中获得乐趣。

4. 因创业成功而赢得利润、他人尊重和社会地位。

5. 感受创业的魅力以及有机会和实力回馈社会和国家。

创业路上，风险一定与你同行，并且会不离不弃，特别是从事作物生产类行业创业，存在的风险会更多。

如果不能很好地控制与规避创业风险，你的企业可能会失败！一旦失败，你会血本无归。导致作物生产类企业失败的原因有很多。例如：

不善管理——创业者企业管理知识和管理经验严重缺乏，缺少宏观判断力，没有明晰的方向感，发现问题不能及时采取行动。

技能缺乏——创业者不具备管理资金、人员、机器、库存、成本核算等专业的知识和技能，不懂有效了解市场需求的方法。

营销策略不足——创业者不能及时根据市场需求信息及其变化而采取有效的市场营销策略，导致顾客稀少，销售乏力。

库存过多——创业者盲目生产，产品没有市场，导致存货太多，资金链断裂。

创业者是市场的先锋，是最有雄心和创业精神的个体，创业考验着一个人最本质的特性。"先做人，后做事"是创业者最基本的常识。一个成功的创业者，不仅要有持之以恒的精神、直面风险的勇气、果断决策的魄力、知人善用的智慧、诚实守信的品格，还要具备会经营管理、能整合资源、善于沟通协调、懂技术、善创新等全面的能力。

任务二　成功创办作物生产企业的关键因素分析

成功创业虽然可以给人带来很多好处，但是并不是所有人都适合创办企业。

创业成败不是依靠你的心血来潮或冲动，它取决于你自身的能力和拥有的资源。在你决定开始涉足作物生产类行业创业之前，应该认真对你自己的能力和拥有的资源进行详细的分析和评估。

通过无数作物生产创业者成功和失败的创业经历，我们总结出一些关于成功创办作物生产企业的关键因素，思考并判断你成功创业的可能性。

一、会经营管理　能整合资源

经营管理能力是创业者事业成功的保障，善于整合资源让创业者立于不败之地，这是创业取得成功的核心能力，是解决企业能够生存和发展的最重要的要素。创业者面对激烈的市场竞争，要以经营强化管理，以管理促进经营，用系统论的思维方式，整合多种资源，优化资源配置，取得 1+1 大于 2 的效果，才能把企业做大做强。

（一）经营管理创造企业效益

会经营是指创业者具有较强的市场意识，能自觉地获取市场信息，并利用所获取的信息来合理安排各种生产经营活动，为获得更多利润创造条件。企业的本质是追求经济效益。成功的企业归根到底是管理得法，能将管理措施落实到位。

当前农业生产正从粗放型向集约型转变，杜绝农业生产的盲目性，改变当前农民落后的经营管理理念，充分发挥自己的优势和特色，在市场竞争中也就更有优势。在一定程度上可以认为，会经营管理能帮助创业者创造企业效益。

（二）整合资源立于不败之地

创业者能否发现机会，推动创业活动向前发展，通常取决于他们掌握和能整合到的资源，以及对资源的利用能力。擅长资源互换，进行资源结构更新和调整，积累战略性资源，是创业者立于不败之地的法宝。

二、具战略眼光　能把握机会

近年来国家开始实行集体规划，工业区归工业区，商业区归商业区，种植区归种植区。而且实行万亩粮田承包制度，这是国家发展的一个趋向，相关的国家优惠政策多。在种植类行业创业，必须了解农业种植行业动态，拥有战略眼光，抓住机会。

（一）战略眼光带来前景出路

战略性的眼光泛指具有预见性、统领性、全局性以及可左右胜败的谋略、方案和对策。拥有战略眼光的创业者都是先有了一张精心设计未来的蓝图,然后再将蓝图上的内容付诸实践。在那些拥有战略眼光的创业者所绘制的蓝图中,公司是一个有机的整体,而这个整体又是由许多个部分环环相扣而成的。

(二)把握机会成就光明未来

现代的商战中,商机无处不在。但当机遇来临时是否能抓住,关键就取决于创业者是否具有敏锐的洞察力和果断决策的能力。

有很多创业者在偶然中成功,但最后却失败了,为什么?因为他们虽然发现了商机,却没有把握住商机。也有一些创业者,花费巨大的资金做了市场铺垫,但最终却让竞争对手占据了市场的大片江山,为什么?还是因为没有把握好商机。一个真正的创业者对机会的感觉是很敏锐的,就像狼遇到猎物一样,该出手时就出手,这是成功创业最基本的条件。

拓展案例

商机就在你身边

美国"牛仔大王"李维斯的故事多年来为人津津乐道。19 世纪 50 年代,李维斯像许多年轻人一样,带着发财梦前往美国西部淘金,途中一条大河拦住了去路,李维斯设法租船,做起了摆渡生意,结果赚了不少钱。在矿场,李维斯发现由于采矿出汗多,饮用水紧张,于是,别人采矿他卖水,又赚了不少钱。李维斯还发现,由于跪地采矿,许多淘金者裤子的膝盖部分容易磨破,而矿区有许多被人丢掉的帆布帐篷,他就把这些旧帐篷收集起来洗干净,做成裤子销售,"牛仔裤"就这样诞生了。李维斯将问题当作机会,最终实现了他的财富梦想。

启示

时过境迁,无论情况如何变化,美国"牛仔大王"李维斯都能在变化中发现商机,挖掘需求,把握机会,成就一个又一个的创业事迹,实现了财富梦想。

练一练

在日常生活中你发现了潜在的作物生产创业商机了吗?如果发现了,你为什么没有果断创业呢?

三、具精湛技术　有创新能力

技术保证质量,创新带来活力。技术创新能力是创业者事业成功的动力。创业实际是一个充满创新的事业，创业者必须有创新能力。

（一）精湛技术保证产品质量

产品质量是企业的生命。“科学技术是第一生产力。”精湛技术是好产品（服务）质量的保证。产品质量的优劣，已经不仅仅是传统概念上的物美价廉、经久耐用，而且要求产品具有较高的科技含量，原材料、生产工艺、检测手段，都应该是高新技术的产物，产品的科学性、安全性以及使用上的自动化和智能化程度才会得到提高。

（二）突破创新带来企业活力

创新是知识经济的主旋律，是企业化解外界风险和取得竞争优势的有效途径。创新能力是创业能力的重要组成部分。因此，只有不断创新，做到人无我有，人有我优，人优我特，才能在激烈的市场竞争中占据优势和先机，获得主动性。

有创新思维，不墨守成规，能与时俱进，不断开拓新局面，创出新路子，是创业者不断前进的关键。

从事作物生产行业创业，最怕的是一哄而起，盲目跟风。只有通过独特创意，开发“人无我有、人有我精”的特色行业，才对致富增收有意义。

练一练

你目前学习掌握的种植新技术的途径是什么？你最喜欢哪种途径？如果你已经开始进行作物生产行业创业了，你准备在哪方面进行创新呢？

四、能交流沟通　会组织协调

创新是知识经济的主旋律，是企业化解外界风险和取得竞争优势的有效途径。创新能力是创业能力的重要组成部分。

（一）交流沟通促进相互了解

“沟通无限，商机无限”。交流沟通对作物生产创业非常重要。70％的管理者出错是由沟通失误引起的。管理离不开交流沟通，交流沟通已渗透到管理的各个方面，是一门重要的管理艺术。企业缺乏交流沟通会造成经营不善。

（二）组织协调提高工作效率

企业内部和谐会创造发展的动力，外部和谐会提供良好的生存和发展环境。一个有效的组织协调管理过程，既要善于对内组织协调，又要善于对外组织协调。对内协调是指对企业内部员工的协调，是对组织内部资源的整合。对外协调是指本企业和外部社会环境的资源整合。

练一练

如果你想在作物生产行业创业，亲戚和朋友都不支持你，你怎么和他们沟通？

【郑军的创业故事(二)——评估创业能力】

郑军了解了一个成功的作物生产企业者应该具备的素质和能力，并对自己经营企业的能力和潜力进行评估，同时也请家人和亲朋好友对他作了一个评价（表 1-1-1）。

表 1-1-1　创业能力评估表

评估项目	自我评估		其他人评估意见	
	长处	弱点	长处	弱点
承诺——要想成功，你得对你的企业有所承诺，也就是说你得把你的企业看得非常重要，要全身心地投入。你愿意加班加点地工作吗？	√		√	
动机——如果你是真心想创办企业，成功的可能性就大得多。你要问问自己，你为什么想创办自己的企业？如果你仅仅想有些事情可做，你创业成功的可能性就不大。	√		√	
诚实——如果你做事不重信誉，名声会不太好，这对你创办企业是不利的，会对你的生意产生负面影响。	√		√	
健康——你必须健康。没有健康的身体，你将无法兑现自己对企业的承诺。要知道，为企业操劳会影响你的健康，你要衡量一下你的身体条件，是否适应创办企业的需要。	√		√	
风险——世上没有绝对保险的生意，失败的风险随时可能发生。你必须具有冒险精神，甘愿承担风险，但又不能盲目地去冒险。先看看你可以冒什么样的风险。	√		√	

续表 1-1-1

评估项目	自我评估		其他人评估意见	
	长处	弱点	长处	弱点
决策——在你创办企业的过程中，你必须做出许多决定。当要做出对企业有重大影响的决定而又难以抉择时，你必须果断。也许你不得不辞退勤劳而忠诚的员工，只要有必要，就得这么做，不要都发不出工资了，还碍于情面保留雇员。	√		√	
家庭状况——创办企业将占用你很多时间，因此，得到家庭的支持尤其重要。你要征求家庭成员的意见，如果他们同意你的创业想法，支持你的创业计划，你就会有强有力的后盾。	√		√	
财务状况——如果你有钱投资于你的企业，赔光了问题也不大，算有优势。如果你自己没有钱投入，完全依赖于创业的成功，则处于弱势(如果你资金充足，是你的一项长处)。		√		√
技术能力——这是你生产产品或提供服务所需要的实用技能。技能的类型将取决于你计划创办的企业的类型。	√		√	
企业管理技能——指的是有效经营企业所需要的能力，包括销售、成本核算、记账，以及最重要的人员管理能力(同时具备了两项技能，就是你的长处)。		√		√
对同类企业的了解——如果你对自己创办的这类企业有丰富的知识和经验，你就能避免犯常见的错误(你懂行，就是你的长处)。	√		√	
算出你有多少长处和弱点，并将数目写在这里。看看是长处多，还是弱点多。如果长处多，说明你具有创办企业的潜力，选择“是”，反之，选择“否”。	9 是	2	9 是	2

练一练

1. 你认为自己具备一个成功创业者的能力和素质吗？

2. 请根据你的实践情况，如实填写表练 1-1-1。

3. 先阅读评估项目说明，然后再勾选你在该项目中的长处或弱点。

4. 把你的创业想法告诉你的亲朋好友，请他们对你进行评价，然后把他们对你的评价填入表格中。

5. 最后评估你总共有多少长处，多少弱点。

表练 1-1-1　创业能力评估表

评估项目	自我评估		其他人评估意见	
	长处	弱点	长处	弱点
承诺——要想成功,你得对你的企业有所承诺,也就是说你得把你的企业看得非常重要,要全身心地投入。你愿意加班加点地工作吗?				
动机——如果你是真心想创办企业,成功的可能性就大得多。你要问问自己,你为什么想创办自己的企业?如果你仅仅想有些事情可做,你创业成功的可能性就不大。				
诚实——如果你做事不重信誉,名声会不太好,这对你创办企业是不利的,会对你的生意产生负面影响。				
健康——你必须健康。没有健康的身体,你将无法兑现自己对企业的承诺。要知道,为企业操劳会影响你的健康,你要衡量一下你的身体条件,是否适应创办企业的需要。				
风险——世上没有绝对保险的生意,失败的情况随时可能发生。你必须具有冒险精神,甘愿承担风险,但又不能盲目地去冒险。先看看你可以冒什么样的风险。				
决策——在你创办企业的过程中,你必须做出许多决定。当要做出对企业有重大影响的决定而又难以抉择时,你必须果断。也许你不得不辞退勤劳而忠诚的员工,只要有必要,就得这么做,不要都发不出工资了,还碍于情面保留员工。				
家庭状况——创办企业将占用你很多时间,因此,得到家庭的支持尤其重要。你要征求家庭成员的意见,如果他们同意你的创业想法,支持你的创业计划,你就会有强有力的后盾。				
财务状况——如果你有钱投资你的企业,赔光了问题也不大,算有优势。如果你自己没有钱投入,完全依赖于创业的成功,则处于弱势(如果你资金充足,是你的一项长处)。				
技术能力——这是你生产产品或提供服务所需要的实用技能。技能的类型将取决于你计划创办的企业的类型。				
企业管理技能——指的是有效经营企业所需要的能力,包括销售、成本核算、记账,以及最重要的人员管理能力(同时具备了两项技能,就是你的长处)。				
对同类企业的了解——如果你对自己创办的这类企业有丰富的知识和经验,你就能避免犯常见的错误(你懂行,就是你的长处)。				
算出你有多少长处和弱点,并将数目写在这里。看看你的长处多,还是弱点多。如果长处多,说明你具有创办企业的潜力,选择"是",反之,选择"否"。				

任务三　增强创业者的能力和素质

很多创办作物生产企业的人获得了成功，回想创业之初，他们并不具备创业必需的所有能力和素质。技术可以学习，能力和素质可以培养，资源可以整合，条件可以改善。如果你下定决心从事创业活动，就应当克服自己的弱点和不足，想办法将其转变为优势和长处。

结合你已经完成的练习，看看你自己或他人的评价结果，其中哪些技能和素质是你的弱项？怎样克服这些弱项？

你可以：

——接受有关的创业培训。

如参加职业技能培训示范项目、参加就业创业培训班。参加由政府公共财政支持的职业技能培训示范项目，参加县、乡镇劳动服务机构举办的就业创业培训班等。这样的培训班一般针对性比较强，有的还是与某个单位联合举办的“订单式”培训。

——不断学习。

如赴专门的职业培训学校学习。去各类职校、技校、夜校、农业广播电视学校等，可以学习专业性比较强的技能。接受远程教育，如电视学校、广播学校、网络学校等，这种方式比较适合具备一定文化基础、掌握一定现代科技手段的当代农村青年，同时要求有比较高的学习自觉性和钻研能力，找机会边干边学。尤其适合于一些理论知识水平要求不高但讲究动手能力和经验积累的创业项目。

——聘请技术专家做顾问或寻找一位技术合作伙伴。

——阅读书籍或报刊等，获得经营管理能力、经济核算、风险评估等知识。

——思考并学习如何更好地处理危机，提高发现问题、解决问题和承担风险的能力。

——把创业中的困难及时和家人沟通，取得家人的理解和支持。

如果你努力工作后，仍发现有些相关专业的技能和素质不具备。这时最好的弥补方法是与具备相关专业技能的人进行合作，共同创业。

【郑军的创业故事(三)——增强创业能力的计划】

郑军将自评结果和他人的评价结果进行了综合，对自己创业能力中的弱项有了一个较清楚的认识，并制订出创业能力增强计划。下面是郑军针对自己的创业弱项制订的能力增强计划(表 1-1-2)。

表 1-1-2　创业能力弱项分析表

弱点	办法
不懂企业经营管理	1. 到同类企业参观学习，参加此类培训班。 2. 请企业经营管理人员或有管理经营经验的人合伙。
不懂财务核算	1. 参加培训学习，了解掌握财务核算方法。 2. 请财务专业技术人员或懂财务核算的人合伙。

练一练

列出你的创业能力弱项，拟定增强自己创业能力的计划，完成表练 1-1-2。

表练 1-1-2　创业能力弱项分析表

弱点	办法

步骤二

作物生产创业项目选择分析

知识目标

1. 了解作物生产创业项目的种类。
2. 了解好的作物生产创业项目的内容。
3. 产生作物生产创业项目的方法。
4. 筛选出好的作物生产创业项目。

技能目标

能够运用产生创业项目的方法，筛选出好的作物生产创业项目。

【郑军的创业故事(四)——选择什么创业项目呢?】

经过第一步的学习后，郑军对自己是否适合创办作物生产企业有了一个明确的认识。综合分析各方面的因素后，他认为自己适合创办作物生产企业，也非常想创业当老板。但是，作物生产行业创业项目非常多，他究竟该如何在作物生产行业中选择适合他创业的项目呢?

步骤二将为你介绍作物生产创业项目的种类、好的作物生产创业项目的内容、产生作物生产创业项目的方法、分析和筛选出好的作物生产创业项目等。

任务一　作物生产创业项目分析

作物生产是指种植农作物以取得产品的生产活动，是人类社会赖以生存的最基本的活动。主要包括粮食作物、经济作物、饲料作物、绿肥作物以及蔬菜、水果、花卉等园艺作物。

作物生产行业目前多以农户独立经营为主，种植品种不一，特色种植面积小且多呈碎片状分布，集约化管理和标准化生产程度不高。种植项目选择无规划，经常是看当年的市场行情，当年哪种作物市场行情好，下一年一窝蜂种植当年效益好的作物，造成次年效益低下，且多被销售环节盘剥。因此，了解现代作物生产创业项目类别，有利于分析并筛选出好的作物生产创业项目，为获得作物生产创业成功奠定基础。

一、现代作物生产创业项目种类分析

现代作物生产创业有许多创业项目，但归纳起来，主要有 5 大类别，它们之间又以现代农业服务业为中心相互联系，即各种作物生产创业类型都离不开现代农业服务业（图 1-2-1）。

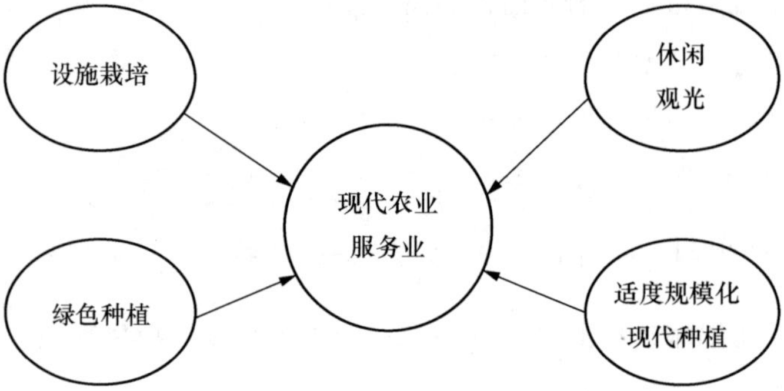

图 1-2-1　现代作物生产创业项目分类图

（一）设施栽培创业项目

设施栽培是指在不适宜作物生长发育的环境条件下，在充分利用自然环境条件的基础上，通过建立现代化设施，人为地创造作物生长发育的环境条件，从而实现优质、高产、高效的现代化作物生产方式。

作物生产是依靠植物的自然繁殖机能及生长发育功能来完成的特殊生产过程，因而作物生产受自然因素影响非常大。随着科学技术的发展，作物生产这一传统农业正经历翻天覆地的变化，由简易塑料大棚和温室发展到具有人工环境控制设施的自动化、机械化程度极高的现代化大型温室、光伏温室种植和植物工厂。设施栽培已经成为现代农业生产的主要产业形态，是现代农作物生产的重要标志。

目前,设施栽培主要包括瓜果、蔬菜、花卉类等园艺作物。随着现代新品种、新技术以及各类农业技术人才的投入,设施栽培的科技含量不断提高。当前高保温、高透光、防雾等各种功能性棚膜和多功能复合膜及温室专用薄膜陆续被应用到生产实践中,耐高温、耐弱光、抗逆性强的设施专用品种培育应用于生产,不仅提高了劳动生产率,也提高了作物生产的产量和质量。下面介绍 4 种主要的设施栽培类型:

1. 小拱棚

小拱棚的类型主要有拱圆形、半拱圆形和双斜面形 3 种。主要应用于春提早、秋延后或越冬栽培耐寒蔬菜、瓜果等。如油菜、小白菜、菠菜、香菜、番茄、茄子、草莓、甜瓜等。

2. 中拱棚

中拱棚的面积和空间可容纳人在棚内直立操作,属于小棚和大棚的中间类型。常用的中拱棚主要用竹木或钢筋做骨架,棚中设立柱的拱圆形结构。主要应用于春提早或秋延后生产的绿叶菜类、果菜类蔬菜以及菜种和花卉等。

3. 塑料大棚

塑料大棚是用塑料薄膜覆盖的一种大型拱棚。它具有结构简单,建造和拆装方便,一次性投资少等优点;又具有坚固耐用、棚体高大,必要时可安装加温、灌水等装置,便于环境调控等优点。主要应用于果菜类蔬菜、各种花草及草莓、葡萄、樱桃等作物的育苗,各种花草、盆花和切花栽培,以及草莓、葡萄、樱桃、柑橘、桃等栽培。

4. 现代化大型温室

现代化大型温室具有设备完善、结构合理、控制手段先进、性能好等特点,可实现机械化、科学化、标准化和自动化生产。现代化大型温室可创造作物生产最适宜的环境条件,能使作物高产优质。主要应用于价值高的蔬菜、切花、盆栽观赏植物、园林设计用的观赏树木和草坪植物以及育苗作物生产上。

同时,要了解设施栽培属于高投入、长收益、高科技含量、高产出、高风险的创业项目。项目的投入既要考虑资金问题,也要注意技术储备和市场需求等。

(二)适度规模化现代种植创业项目

当前,我国农村家庭联产承包经营与农村生产力发展水平矛盾日益凸显,具体表现为 4 个方面:一家一户小规模经营与现代农业集约化生产之间的矛盾;农民的恋土情结与土地规模经营的矛盾;按福利原则平均分包土地与按效益原则由市场机制配置土地的矛盾;分散经营的小农生产与日趋激烈的市场竞争和社会化大生产要求的矛盾。我国农户土地规模小,农民经营分散,组织化程度低,抵御自然和市场风险的能力较弱,在小农经济的基础上,难以建立起现代化的农业和实现较高的劳动生产率和商品率,无法使农村从根本上摆脱贫困和实现共同富裕。

国内外联合生产与经营的运作模式集中了有限的人力、财力、技术和设备,形成适度规模优势,提高了综合竞争力。因此,发展现代适度规模化种植项目,可以打破田埂的束缚,让小块土地连成片,把农民组织在一起,利用先进的种植技术和现代化的管理模式,以现代生产代替传统生产,以专业化代替多样化,通过科学的管理提高生产的质量,进行规模化经营,打造自己的品牌,使低效的作物生产转变成高效的作物生产,创造出盈利的大局面。

(三)休闲观光创业项目

休闲观光农业是一种以农业和农村为载体的新型生态旅游业,是把农业与旅游业结合在一起,利用农业景观和农村空间吸引游客前来游览、休闲、观赏、体验、品尝、购物的一种新型农业经营形态。休闲农业实现了旅游业向传统农业的延伸,提高了农业经济的附加值,推进了新农村建设,是农民脱贫致富、城镇人口改善生活质量的有效途径。

随着全球农业产业化发展,现代作物生产不仅具有生产性功能,还具有改善生态环境质量,为人们提供观光、休闲、度假的生活性功能。主要是为城市中不了解农业,不熟悉农村,回农村寻根,渴望在节假日到郊外旅游、观光、度假的人服务。休闲观光项目的发展,不仅可以丰富城乡人民的精神生活,优化投资环境,还实现了农业生态、经济和社会效益的有机统一。发展休闲观光农业有以下 3 个作用:

1. 有利于拓展旅游空间,满足人们回归大自然的愿望

随着人们生活水平的提高,精神享受成为城市居民的重要追求,外出旅游、观光、度假已成为常态。传统的风景名胜、人文景观在旅游旺季往往人满为患、嘈杂无序。而休闲观光农业的出现,满足了城市居民回归大自然和对宁静、清新环境的渴求。

2. 有利于整合资源,提高作物生产效益

观光农业的发展,不仅有利于扩大农业经营范围,促进农用土地、劳动力、资金等生产要素的整合,提高土地生产率和劳动生产率,同时还能以农业旅游为龙头,

带动交通运输业、餐饮业、农产品加工业等行业的发展，从而提高农业生产的附加值。

3. 有利于营造优美的生态环境

休闲观光农业为招揽游客，除了在景区营造优美的农业生态环境和农业景观场所外，必须绿化、美化周围地区的田园和道路，维护农业与农村自然景观，改善城乡环境。

休闲观光集农业生产和教育于休闲之中，供人们体验田园之乐、自然之情的活动，主要形式有以下 5 种：

(1)观光农业园。即开辟特色花圃、果园、菜园、茶园等，让游客在园内赏花、摘果、拔菜、采茶，享受田园乐趣。这是休闲观光项目最普遍的一种形式。

(2)农业公园。即把农业生产场所、农产品消费场所和休闲旅游场所融在一起。

(3)科教农业园。兼顾农业生产与科普教育功能的农业经营形态，以青少年为主要服务对象，提供农业科普知识、体验与相关教学服务。科教农业园也是城市居民休闲度假、旅游的理想场所。

(4)森林公园。森林公园是经过修整可供短期自由休假的森林，或是经过逐渐改造使它形成一定景观系统的森林。

(5)民俗观光村。民俗观光村是指深入挖掘展现当地文化、生产、生活习俗的特色村，有民俗博物馆、婚俗院等，体验“住农家房、吃农家饭、做农家活、享农家乐”等特色活动，吸引了大批都市人群到民俗村体验农村生活，感受农村气息。

我国农业休闲观光旅游兴起于 20 世纪 90 年代，在各大、中型城市迅速发展，不仅促进了传统农业向现代农业的转型，还解决了农业发展过程中的矛盾，提供了大量的就业机会，带动了农村教育、卫生、交通的发展，改变了农村面貌，为解决我国“三农”问题提供了新的思路。因此，休闲观光农业在我国前景光明。

(四)绿色种植创业项目

绿色种植是以可持续发展为基本原则，运用先进的科学技术、先进的工业装备和先进的管理理念，以促进农产品安全、生态安全、资源安全和提高农业综合效益的协调统一为目标，把标准化贯穿到农业的整个产业链条中，推动人类社会和经济全面、协调和可持续发展的种植发展模式。简单地说，绿色种植就是创建和利用良好的生态环境，运用现代管理理念和科学技术，生产出足量安全营养的农产品，实现全面、协调和可持续发展的农业发展模式。

绿色产品一般包括无公害农产品、绿色食品和有机食品 3 种。绿色农业的发展目标是“三个确保，一个提高”，即确保农产品安全，确保生态安全，确保资源安全和提高农业的综合经济效益。

绿色农业发展要满足人类需要的一定数量和质量的农产品，就必然需要确保相应数量和质量的耕地、水资源等生产要素。发展绿色农业必须消除以下 3 个认识误区：

1. 误认为绿色农业就是不施化肥、不喷农药的农业

绿色农业，是指以生产、加工、销售绿色食品为核心的农业生产经营方式。它是当今世界各国实施可持续发展农业目标时被广泛接受的模式。绿色农业以“绿色环境”“绿色技术”“绿色产品”为主体，科学地使用化肥和农药，由过去主要依赖化肥和农药转变为主要依靠生物内在机制来取得农业增效。

2. 误认为发展绿色农业投入高、收益低

我国绿色农业主要通过优良品种培育和土壤改良来实现，利用生态机制求发展，把经济、社会和生态效益统一起来，对农药和化肥的依赖大大降低，是一种低投入的农业生产方式。“绿色消费”方兴未艾，人们对消费品最迫切的要求是“无公害”。谁能在“绿”字上大做文章，谁就能抓住更多的消费者，取得更高的市场占有率，获得更大的经济效益。发展绿色农业只要捷足先登，就能捕捉创业先机。

3. 误认为发展绿色农业是农民自己的事

绿色农业的发展需要加大宣传力度，加大绿色技术的普及力度，加大资金的扶持力度，开发病虫害防治、土壤改良等多项实用技术，培植绿色农业龙头企业和生产基地，提高农民绿色农业技术水平，从而促进绿色农业的发展和农村经济、社会和生态的协调发展。

（五）现代农业种植服务业创业项目

现代农业种植服务业是指以现代科技为基础，利用设备、工具、场所、信息或技能为农业作物生产提供服务的业务活动。农业种植服务业作为现代农业的重要组成部分，在拓展农业外部功能、提升农业产业地位、拓宽农民增收渠道等方面都发挥着重要作用，如农资连锁经营服务、良种服务、农产品流通服务、农机跨区作业服务、新型农技服务、现代农业信息服务、农村劳动力转移培训、中介服务和农业保险服务等。目前，我国现代农业种植服务业发展严重滞后、水平较低，为现代农业种

植服务业创业项目的选择提供了良机。

1．农资连锁经营业服务

农资主要包括种子（种苗）、肥料、农药、农膜、农机具、饲料及添加剂等，是重要的农业生产要素。农资连锁经营是通过连锁公司总部在各乡镇以加盟和培训的方式物色农资连锁经营者，各种品牌的农药、化肥、种子等农业生产资料统一由总部配送，由农资超市分散经营，总公司统一管理的一种经营模式。此模式主要利用遍布于各地乡村的连锁店，以电子网络为载体实施物流配送，以实现经营管理标准化、规范化的要求，完成对传统农资经营模式的变革。

2．良种业服务

良种是农业增产增效的基础和关键，也是提高农产品质量的基础。加大对现有作物品种的改造，在保持高产品种和高产性能的基础上努力提高其质量。同时，还要根据市场需求状况，不断调整农产品的品种结构。因此，良种业可以提供优良种子的筛选、标准化服务推广等方面的服务。

3．农产品流通业服务

农产品流通是指农产品通过买卖，从生产领域进入到消费领域的交换过程。农产品收购、贮存、运输、销售构成了农产品流通渠道，是连接农户与市场的纽带，任何一个环节发生故障，都将导致流通渠道不畅通，农产品流通受阻，农产品难以卖出，效益受损，农业再生产将无法进行。因此，必须建立顺畅、便捷、低成本的农产品流通网络，特别是建立和完善鲜活农产品流通的“绿色通道网”，以保证农产品货畅其流，这对提高农产品流通效率、促进农民增收和发展现代农业具有积极意义。如农产品经纪人一方面熟悉农民生产，另一方面熟悉市场需求，不仅能带领农民进入市场，搞活农产品流通，还有利于促进农业结构调整，帮助农民增收致富，提供各类中介服务等。

目前，我国的农资销售趋势呈现主体多元化发展。面对激烈的市场竞争，传统农资经营模式问题突出。如无序竞争加剧、窜货现象时有发生、市场价格混乱、假冒伪劣农资产品坑农害农等。农资连锁经营不仅促进了农资销售的标准化、规模化，还可有效预防假冒伪劣农资产品进入流通领域，净化农资市场，保证农民用上放心的农资。目前，广西已涌现出红日集团、新胜利集团、春茂集团等一批农资连锁龙头企业。

二、了解好的作物生产企业项目包括的内容

一个好的作物生产企业项目既要符合国家政策，又要适合自己，满足顾客需要，还能盈利。具体应当包括以下内容(表1-2-1)：

表1-2-1　好的作物生产企业项目内容一览表

序号	内容
1	你的作物生产企业将销售或提供什么产品或服务
2	你的作物生产企业将向谁销售产品或服务
3	你的作物生产企业将如何销售产品或服务
4	你的作物生产企业将满足顾客的哪些需求
5	你的作物生产企业的产品或服务是否符合国家鼓励扶持的行业
6	你的作物生产企业需要的技术难易和资金回笼如何

（一）你的作物生产企业将销售或提供什么产品或服务

你选择的作物生产企业项目应基于你所拥有的资源及了解的产品或擅长的服务，而且必须是人们愿意付钱购买的产品或服务。分析各种作物生产企业项目，可以帮助你找到你自己擅长或拥有资源的企业类型。

产品是指人们需要付钱购买的东西。它可能是你种植的作物，也可能是你进货后再销售出去的东西，如农产品或农资产品等。

服务是一种特殊的产品，是你为别人所做的一些事情，他们愿意为此付钱给你，如农家乐、农业技术服务、修理农机具等。

（二）你的作物生产企业将向谁销售产品或服务

你的产品服务将卖给谁，你要十分清楚地了解你的潜在顾客群。这点对你非常重要。你的顾客群是某一类特定人群，还是具有特定区域？只有足够多的人能够并愿意花钱购买你的产品或服务时，你的企业才能有利可图。

（三）你的作物生产企业将如何销售产品或服务

种植、农家乐、农资服务等创业项目由于规模大小不同，企业性质不同等，其产品或服务销售的方式也不相同。有的企业直接向顾客销售产品。有的企业通过订单把产品卖给超市或加工企业等。

（四）你的作物生产企业将满足顾客的哪些需求

时刻关注你的顾客需求的变化，是成功的作物生产企业必须做的功课。当你选择作物生产企业创业时，调查并判断你未来的顾客需求是什么及其变化趋势，这非常重要。

（五）你的作物生产企业的产品或服务是否符合国家鼓励扶持的行业

好的作物生产企业选择的项目，应该是国家鼓励发展、有资金扶持的行业。这是选择好的作物生产项目的先决条件。因为国家鼓励的行业都是前景好、市场需求大，加上资金扶持，较易成功。如绿色种植、有机种植、特色种植等都是我国政府鼓励发展的行业。

（六）你的作物生产企业需要的技术难易及资金回笼如何

对中小型种植企业而言，创业成功不仅取决于资金回笼快、周期短等因素，还取决于技术的难易程度，这也是保证项目实施顺利、投资安全的因素，因此，选择技术要求相对简单的作物生产项目风险较小。

任务二　产生作物生产创业项目

产生作物生产创业项目是选择一项适合自己的好项目的基础。在产生作物生产创业项目时，应尽量放开自己的思路，尽可能地挖掘创业项目。

一、作物生产创业项目的来源

（一）创业者所处的自然资源环境

作物生产行业对当地自然资源的依赖性比较大，当地的资源环境适合种植什么作物，就要考虑种植什么类型的作物。如当地具备自然资源优势，空气、土壤和水资源能满足有机产品生产的要求，可以考虑种植有机产品，从而提升产品的附加值。创业者所处的自然资源环境主要指土地资源、矿产资源、生物资源、水资源等。如有的人发现自己村周围有闲置的荒山，可以利用这座荒山进行作物种植，开启创业之路。

（二）创业者的技能

创业者的技能是指创业者擅长做的事情。如有的人擅长种植水果，有的人擅长种植甘蔗，有的人擅长种植水稻，有的人擅长交流等。

（三）创业的经验

创业的经验是指曾经的工作经历和接受的教育培训经历。如有的人曾经在柑橘种植园做过技术员，也就具有了柑橘种植的相关工作经验；有的人参加过葡萄栽培的技术培训学习，也就有了葡萄生产的相关知识和技能的经验。

（四）创业者的兴趣

创业者的兴趣是指创业者喜欢做的事情。如有的人喜欢种植蔬菜，有的人喜欢种植水果，有的人喜欢种植花草等。

（五）创业者拥有的社会关系

创业者拥有的社会关系主要指创业者的家庭、亲戚、朋友、同学、同事等。创业者可以从他们那里得到创业的建议、信息和相关的帮助。如有的人家里种植了100亩①果园，家人就建议这个人多学习果树栽培的知识和技术，学成后回乡接替家人或从事果树生产创业。

当然，创业者如果能从国家的农业发展规划、国家政策扶持的方向去寻找作物生产创业项目，将更容易得到资金、市场、政策等各方面的支持。创业者还可以从市场中寻找创业项目。如从市场转换中寻找项目，借助产业增长趋势寻找项目，利用市场间隙寻找项目，利用社会实践寻找项目，利用被遗弃的市场寻找项目，利用市场细分寻找项目，利用扩大市场区域寻找项目等。创业者还可以从产品中寻找项目。如模仿成功产品、寻找市场潜力大但却失败了的产品、发明新的产品或服务、改进现有产品或服务、装配新产品、现有产品的再循环、向现成产品中添加价值、替换现有产品的材料、寻找废料的用途、产品组合、打包或拆分现有产品等。

① 1亩≈667 m^2。

资料拓展

广西太牛了！10棵蔬菜就有8棵运到了北方！

南国春来早。春节刚过，广西百色市田阳县田间就热闹起来。“现在小番茄行情不错，每斤两块四。”那塘村村民黄少春乐呵呵地说。在田阳，小番茄成了秋冬菜的主打品种，每天交易量达1 100吨左右。

与此同时，藤县的秋西瓜，合浦的四季豆，田东、平果的西葫芦，临桂、雁山的莴笋……大地处处冬菜飘香。

目前，广西全区秋冬菜种植面积达到1 412万亩，每10棵菜有8棵运往北方，“南菜北运”年供菜近900万吨，成为全国最大的秋冬菜生产基地。紧跟市场需求，广西农业正从供给侧发力，加快推进秋冬菜转型升级。

绿色转型：蔬菜标准园打生态牌，四级联动监管，保障舌尖上的安全

同样种菜，这里的种法不一样。

“从种子肥料，到用水用药，都有技术规程，照方抓药。”田阳县兴城村菜农黄海俨，流转土地150亩，他谈起致富“秘籍”有一套：施肥要用农家肥、有机肥，打药必须是生物农药，严格把好质量安全关。“虽然投入多一点，但绿色放心、销路好，粉红果‘千禧’每斤卖到了8元。”

以前，兴城村单门独户种番茄，不成气候，种多了难免“烂市”。2011年，县里在兴城村创建蔬菜标准园，瞄准绿色化、生态化，示范新品种、新技术，推广标准化生产。短短几年，全村蔬菜标准园发展到3 010亩，质量有保障，产业成规模，在市场有了话语权，年产值3 000多万元，番茄成了村里的致富果。

这是广西蔬菜标准化生产的一个缩影。

“我们这里常年无霜，四季可耕，是农作物的‘天然温室’。”广西农业厅副厅长郭绪全说，让资源优势变成经济优势，必须围绕市场需求。现在农产品需求升级了，人们更注重吃得健康安全，这要求农业生产方式紧紧跟上。

瞄准绿色、瞄准市场，效益明显。崇左市江州区连塘村，冬种马铃薯千亩连片，村委会主任邓海峰说：“冬闲种植马铃薯，一亩地产出几亩的效益。”江州区农业农村局，局长农振益算了笔账：去冬今春，全区冬种马铃薯2万亩，预计产值超4 000万元。藤县坚持冬种绿肥作物，增加土壤有机质，油菜产业与休闲农业共同发展，菜农钟展文说：“按农技人员指导，200多亩田种完粮食种冬菜，一年四季不断档。”

目前，广西建设农产品质量监管机构1 150个，对30多项农药残留常态监测，建立了市、县、乡、村四级联动监管网络。去年农产品质量合格率99%以上，无公害产品达到74%。

特色转型:农民和企业“看菜选种”,优化产品结构,好产品卖出好价钱

在广西“壮乡河谷”集团车间,工人在对刚采的圣女小番茄分级筛选,每8颗装到一个塑料盒里,再包装到一个精美礼箱中。“通过冷链运输,两天后就能摆到北京大型超市的柜台。”集团总经理陈迪山说,实现“农超对接”,让好产品卖上了好价钱。

郭绪全分析,正如农产品结构性矛盾一样,秋冬菜市场也面临大路货多,优质的、品牌的产品稀缺,迫切需要以市场为导向调优产品结构。

调优结构怎么调?广西秋冬菜瞄准“精、优、特”方向发展。

百色特色蔬菜是番茄。以农产品地理标志为契机,统一打造“百色番茄”区域品牌。“壮乡河谷”“醉美乡村”“壮乡红”等百色番茄产品,打入全国主要城市的大型超市。

把特色做成精品。百色市委常委、田东县委书记刘明国说:“在供给侧结构性改革中,我们制定统一的蔬菜分级分类标准,推行蔬菜流通标准化和分级包装上市,实现质优价高。”兴城村蔬菜协会黄子刚说:“过去番茄论斤卖,现在有了‘壮乡红’品牌,可以按个卖,全村人均收入超过万元。”

推广引进蔬菜优新品种。广西已成功举办5届蔬菜品种展示交流会,每届引进试种品种品系800个以上,农民和企业“看菜选种”,加快了品种更新换代,优化了品种结构,为消费者提供优质、品种多样化的蔬菜产品。宾阳县黎塘镇农民玉壹初说:“好种子长出好蔬菜,选了新的莲藕种,亩产提高500斤,品质还好,大受市场欢迎。”

有了好产品,还得运出去。2013年10月,“百色一号”果蔬绿色专列正式开通,截至目前果蔬专列已运行46趟,其中冷藏集装箱26趟,累计向北京、天津等北方市场输送番茄等果蔬产品2万多吨。在南宁、崇左、柳州等“南菜北运”主产区,布局22个产地集配中心;以现有设施为基础,规划产地蔬菜批发市场和田头市场,建设农产品冷链物流设施。在主销区一边,在16个省区主要城市布局交易配送专区和产销商流链条。

科技嫁接,资源优势显活力。桂林市郊近80%的菜地每年复种达到4~6次;梧州市基本实行瓜豆与绿叶菜间套作……冬季无闲田、村里无闲人,优势资源变特色产业。

深处转型:发展果蔬深加工,全产业链提价值,把农产品"吃干榨净"

正月初八,田阳县城东工业园里的福民食品公司开工了。"春节前就接到国外订单,加工番茄果脯、果蔬汁饮料,现在销路不愁。"公司总经理曾纪伦说。

过去发展蔬菜产业,一直受困于保质期这一短板。如何拉长产业链条、提高产品附加值,广西推进龙头企业与农产品资源的高位"嫁接"。

"我们从用地、税收、服务等多个方面加大对龙头企业的扶持,支持企业改造升级、提高产能。"田阳县委书记韦正业说,目前全县引进嘉佳商贸、福民果脯等一批龙头企业,年可加工果蔬35万吨以上,还带动大批农民就地就业。

广西优化蔬菜加工产品结构,向精深加工产品、保健产品拓展。荔浦县绿园农产品加工公司以荔浦芋为原料,从指头大小的原种到废渣废液,从头到尾"吃干榨净"。目前,公司在全国建立了50多个销售网点,年销售额达3.85亿元。

引导扶持民间资本发展蔬菜加工业。田东县祥周镇新亚东集团,发展订单优质小番茄2万亩,通过示范带动农户,去年订单面积达5万亩;横县芳岭村建设食品加工厂,采用传统工艺,将芥菜加工成干菜和酸菜,带动村里蔬菜种植基地发展,干菜每公斤市场价达到了24元;藤县优化秋冬种品种,瞄准粤港澳大市场,发展适销对路的外向型蔬菜和干制、腌制加工型蔬菜。

"推进农业供给侧改革,要用改革的办法,推动传统农业向追求绿色生态可持续农业转变、向更加注重满足农产品品质的需求转变。"郭绪全说,当前,广西发展秋冬菜也有不少短板,龙头企业不强、冷链物流不够、自主品牌不多等,希望国家在政策上给予支持,让广西秋冬菜加快转型升级,为保障淡季农产品供给做出更大贡献。

(资料来源:广西快乐农业)

二、产生创业项目的方法

产生创业项目的方法有很多,如可以通过结构性头脑风暴法、分析法、资源法、生命周期法、互联网搜索法等方式进一步激发你的创业想法,产生创业项目。

(一)结构性头脑风暴法

头脑风暴法,又称智力激励法、BS法。该方法是由现代创造学的创始人,美国学者亚历克斯·奥斯本于1939年首次提出,1953年正式发表的一种激发创造性思维的方法。其特点是让与会者敞开思想,使各种设想在相互碰撞中激起头脑的创造性风暴。这是一种集体开发创造性思维的方法。这种方法在企业管理中经常用到,是企业收集意见的重要途径之一。

结构性头脑风暴法是为了克服传统头脑风暴法的质量和效率易受参与者和主持人知识和能力的影响而提出的。它重点强调在头脑风暴实施过程中按照结构进行开放性的讨论与提议,并通过有效的评估工具对方案进行评估后将结构化的知识加入组织的知识库。对企业而言,结构性头脑风暴法是从一个特定的产品开始的,打开你的思路并帮助你产生很多不同的想法,然后按照下面的结构想出所有相关的企业:与生产相关的企业、与销售相关的企业、间接相关(副产品)的企业、与服务相关的企业。见图 1-2-2。

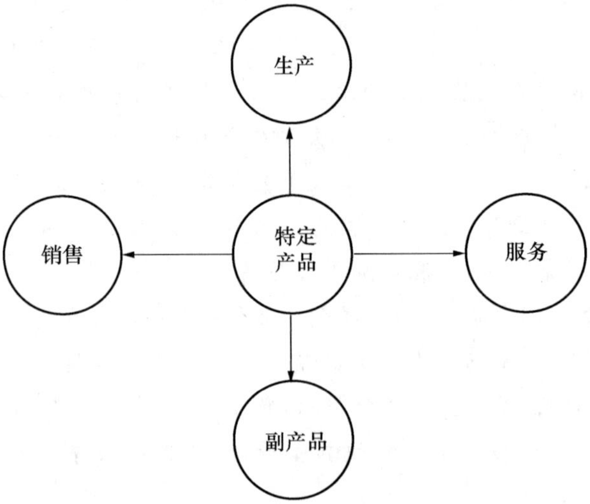

图 1-2-2　产生特定产品创业企业结构图

你可以这样一直想下去,直到不再有任何新的想法为止。当然无论你想到什么都应该记录下来,以便以后确定这个想法是否正确,是否有价值。下面以铁皮石斛创业生产为例(图 1-2-3)。

练一练

选择一个自己喜欢或熟悉的作物生产产品,利用结构性头脑风暴法产生你的作物生产类企业项目。

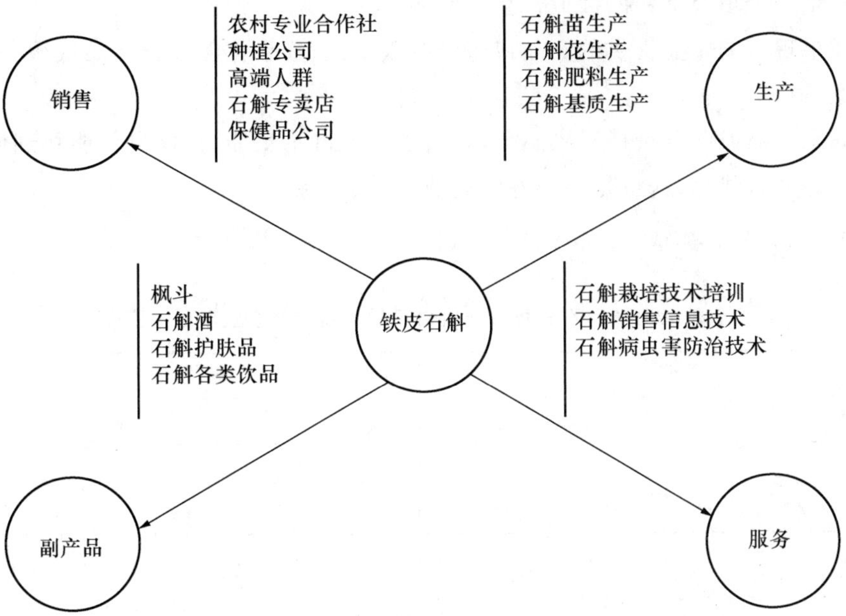

图 1-2-3　产生铁皮石斛创业企业结构图

（二）分析法

分析法就是收集人们不满足、不满意甚至吐槽的产品或服务，认真分析产生该问题的原因，从而确定企业项目的一种方法。

你可以从以下几个方面分析：

你自己遇到的不满意、不满足的问题——回想你自己购买种植类产品或服务时，遇到过哪些困难。

生产中遇到的不满意、不满足的问题——回想你从事种植生产时，有哪些产品或服务跟不上，影响了你的生产。

他人遇到的不满意、不满足的问题——生活中你听到了哪些抱怨，分析他们真正的需求和问题，思考自己能否改进或满足他们的需求。

周围的人缺少什么——在你生活的周围进行调研，看看你周围的人缺少哪些产品或服务。

优秀的创业者善于从别人的不满意中发现商机：

如果人们无法获得所需要的产品或服务，如果你能整合资源满足人们的需求，这显然是一个填补空白的商业机会。

如果现有的企业提供的产品或服务令人不满，如果你能改善产品或服务，这是一个竞争机会。

如果产品或服务价格居高不下，超过了人们的承受能力，如果你能找到便宜的货源或好的替代品，这也是一个好的创业机会(表练 1-2-1)。

练一练

表练 1-2-1　利用分析法产生自己的作物生产企业项目一览表

问题	项目

(三)资源法

资源法就是了解自己目前拥有哪些技术、经验、资源、能力等。根据自己所拥有的资源、技术、能力来确定企业项目的方法。

例如，你拥有熟练的种植技术，你可以创建一个种植企业。你有销售农资的经验，你可以创办一个农资经营店(表练 1-2-2)。

练一练

表练 1-2-2　利用资源法产生自己的作物生产企业项目一览表

资源	项目

(四)生命周期法

作物生产依赖作物的生长、发育、开花、结果全过程。生命周期法是以作物的生命周期为基础的一种系统思考方法。它包括生产—销售—消费全过程所有的环节可能存在的环境生态问题，是产生绿色创业想法的一种方法。

下面以柑橘为例，介绍生命周期法的使用（图 1-2-4）：

柑橘苗木繁育 → 柑橘种植 → 病虫害防治 → 采后保鲜 → 采后运输 → 柑橘销售

图 1-2-4　利用生命周期法产生柑橘企业想法流程图

针对柑橘生命周期中的每一个环节出现的问题，产生出创业想法。如柑橘采后保鲜中，目前多使用化学防腐剂保鲜，影响果品安全和人体健康，能不能寻找一种既能防腐保鲜，又能对人体和环境无危害的方法？如果你能解决这个问题，就是一个很好的创业项目。

（五）互联网搜索法

互联网技术为我们提供了各种作物生产信息。我们可以通过互联网在线搜索法寻找各种农产品或服务信息。如中国农业信息网、中国农业网等，这些网站可以帮助你发现农产品的供需情况及农产品服务等信息。

互联网不仅可以提供很多创业想法，还可以为你的企业提供创业场所、销售渠道和需求信息。但同时需要提醒你的是，利用互联网搜索也存在风险（表练 1-2-3）。

资料拓展

作物生产典型创业项目

1. 种植果桑

无核大十果桑又名桑葚，桑枝、桑叶均可入药，从古至今被医学界公认为名贵的保健药品，又被国家卫生健康委员会列为药食同源果品，林业部专家组将果桑列为亟待开发的树种。大十果桑当年栽种当年挂果，盛产期每亩可产鲜果 1 750 千克、桑枝 500 千克、桑叶 300 千克，每亩栽 330 株，株行距 1 米×2 米。苗价每株 6 元，50 株以上每株 5 元，千株以上每株 4.5 元。

2. 中华吴茱萸

江西樟树市所产的中华吴茱萸为国内上乘佳品。该品种当年栽种，当年挂果，3 年进入丰产稳产期，亩产值近万元。株行距 2 米×3 米，每亩栽 110 株。苗价每株8元,30株起邮;100株以上每株6元,千株以上每株4.5元。

3. 美国薄壳核桃

一般栽后2年见果,3～5年丰产,6～7年就可进入盛果期,亩产坚果500～800千克(亩栽植56株,株行距3米×4米)。目前市场行情每千克50元,亩产值数万元。苗价每株20元,30株起邮;50株以上每株18元,千株以上每株15元。

4. 蘑菇

食用菌生产是姚庄农业的主导产业,是嘉善白色产业带的主导区。种植历史开始于20世纪中期,1968年,胜丰(窑浜斗)、展丰等村15个生产队开始种菇3.1亩。1983年起,开始推广家庭种菇。1985年起,引进上海市嘉定区先进技术,把原来泥土栽培改为河泥栽培。1998年,发展大田高棚蘑菇、高温蘑菇,全镇种植蘑菇面积达666亩。截至2007年底,全镇农村种植面积3 666亩,农村种植总产量达到2 000多万千克,总收入超过1亿元,已成为浙北最大的蘑菇生产基地。

5. 红心猕猴桃

红心猕猴桃是一种集食用与药用为一体的高级营养保健水果。其营养丰富,被称为果中之王。红心猕猴桃皮光无毛、果肉金黄、果心鲜红美丽。口感甜酸清爽、香气浓,具有甜瓜、草莓、柑橘的混合风味和香气。每亩栽160株,株行距2米×2米,一般株产30～40千克,亩产值15 000～20 000元。苗价每株15元,30株起邮;50株以上每株13元,千株以上每株10元。

6. 药用型金银花

该品种是以大叶木本金银花中自然产生的优良株系为基础,与南方优良品系金银花杂交,再经无性繁殖、提纯、复壮而育成的金银花新品种。具有花蕾齐、产量高等优点。金银花作为一种珍贵的药用资源,国内国际市场需求量巨大,价格年年上涨。当年栽种、当年开花,现药市行情每千克150～230元。种植效益高,亩产干花180～260千克,还可产枝叶30 000千克,枝叶是牛、羊、猪等的好饲料。亩产值可达数万元。株行距1.5米×2米,每亩栽220株。苗价每株10元,30株起邮;50株以上每株9元,千株以上每株6元,万株以上每株3.5元。

7. 大红子山楂

山楂具有很高的营养价值和药用价值。山楂除鲜食外,还可制成山楂片、红果酱、果脯、山楂酒等。一般每亩栽160株,株行距2米×2米,定植后2～4年开花结果,盛果期亩产5 000千克以上,产值超万元。苗价每株12元,30株起邮;50株以上每株10元,千株以上每株8元。

8. 新高山葡萄

该品种为高山葡萄变异株中选育出来的新株系。新高山葡萄抗病力强、不用套袋,7月中旬转色成熟,可在树上自然挂果2～3个月。由于该品种是闭花授粉,在开花前完成受精授粉过程,恶劣的气候条件对坐果无影响,因此可以年年丰产。每亩栽22、33、66株3种方式,成熟时,正处在桃梨结束和柑橘还未成熟的市场空档,是中秋和国庆送礼佳品(价格高)。摘下后,果穗半个月不掉粒,极耐贮运。苗价每株26元,30株起邮;百株以上每株20元,千株以上每株15元。

9. 中药材

我国已加入世贸组织,这给中药材种植业带来极大的机遇和挑战。中国是中药大国,中药材纯属国宝。中国的汉药、藏药属天然药物,副作用小,疗效确切。而欧洲一些发达国家却一直沿着化学合成药的思路去发展。相比之下,中药材具有独特优势,尤其是随着天然药物、回归自然等风靡世界各国,中药材将有极大的市场需求。中药治病治本推动了中药材产业商机。

10. 特种玉米

特种玉米是具有较高经济、特色种植营养和加工价值的专用玉米品种,如鲜食玉米、药用玉米、观赏玉米等都属于特种玉米。通过深加工,种植特种玉米的终端产品可实现较大幅度的增值,种植效益高。因此有“增值玉米”之美称。

世界上对特种玉米的培育、特色种植历史已有100多年,其中美国处于全球领先水平。近年来随着粮农增收要求的提高,特色种植以及玉米功用专门化的加强,种植特种玉米今后也是中国玉米产业发展的必然趋势。为此,近年来中国农业、特色种植科研等部门均对特种玉米种植业给予了较大支持。部分领域已接近和达到世界先进水平,产业已经初具规模。

11. 花椒新品种大红袍

花椒不但是高效经济作物,而且还是围园护院的卫士,特别是近年新育成的品种大红袍,高产又优质,枝、叶均带锐刺,栽植2～3年便可形成一道胜过铁网砖砌的绿色围墙,人畜难入,猪羊绕道。此外,花椒树耐热抗寒,抗病虫危害,各地可种。播种当年株高可达1～1.5米,以后把高度控制在3米以内,便可形成一道理想的绿色围墙。该花椒每亩可产叶250千克、果实5 000千克左右,经济效益明显,且产量和产值随树龄而逐年增加。既围园又增收,一举多得,一次栽种,受益20年以上。按株行距2米×2.5米定株,每亩可栽130株。苗价每株10元,30株起邮;50株以上每株9元,千株以上每株6元。

12. 药都皱木瓜

用宣城贡品皱木瓜为接穗，取云南光木瓜为砧木，经嫁接改良后的新品种，命名为药都皱木瓜。该品种果形大、产量高、品质优，深受药商欢迎。亩产 4 000～5 000 千克，产值 2 万多元。木瓜不仅是药材，而且是极佳的保健品，可加工成饮料、药酒、果糖、果脯、美容化妆品等，也可作高级餐馆炖补佳肴，具有广阔的种植前景。株行距 2 米×2 米，每亩可栽 166 株。苗价每株 10 元，30 株起邮；50 株以上每株 9 元，千株以上每株 8 元。

13. 红花大果油茶

中国油茶之王，单果重 0.5～1.5 千克，茶籽含油率 40%。株行距 2 米×2 米，每亩栽 166 株。0.5 千克以上的样品果 40 元/个。苗价每株 6 元，30 株起邮；50 株以上每株 5.5 元，千株以上每株 5 元。

14. 药都选一号水栀子

当年栽种当年可挂果，3 年进入高产期，亩产量可达 1 000～2 000 千克，产值 9 000～18 000 元，高产种植可超 2 万元产值，株行距 1 米×2 米，每亩可栽苗 300 株，苗价每株 4 元，50 株起邮，百株以上每株 3.5 元，量大可优惠。

15. 灵芝

在众多的种植项目中，灵芝种植项目受到了很多人的关注，不仅因为它的投资小、收益快，更重要的是灵芝种植的市场前景巨大。众所周知，灵芝自古以来就被认为是吉祥、富贵、美好、长寿的象征，有仙草、瑞草之称，中华传统医学长期以来一直视其为滋补强体、固本扶正的珍贵中草药。民间更是传说灵芝有起死回生、长生不老之功效。灵芝种植，是稳赚不赔的好买卖。随着人们对健康的逐渐看重，灵芝这种中药草也受到了重视，而选择灵芝种植对于广大创业者来说，绝对是一个不错的赚钱好方式。

（资料来源：广西快乐农业）

练一练

表练 1-2-3　利用互联网搜索法产生自己的作物生产企业项目一览表

互联网信息	项目

任务三　分析并筛选好的作物生产创业项目

【郑军的创业故事(五)——产生的创业项目】

郑军综合运用了结构性头脑风暴法、资源法、分析法、互联网搜索法等产生了18个作物生产企业创业项目。有些项目他认为不太符合他自己的实际情况,综合分析各方面的因素后,他最终选出了自己比较喜欢的5个项目。以下是他筛选这些项目的过程(表1-2-2)。

表1-2-2　企业创业项目一览表

创业项目	分　　析
沃柑种植	本地是柑橘种植区,政策支持,沃柑是新品种,品质优良,自己拥有土地、技术等相关资源。近两年市场价格稳定在10～16元/千克,前景广阔。
休闲采摘园	距离市区较近,有地理优势;城市居民有亲近自然的愿望,节假日喜欢带孩子体验农事。这类项目创办不需要太多的土地,投资中等。
原生态农产品专卖店	利用家乡的资源优势,在城市里开店,专营无化肥、激素、农药添加剂的绿色原生态农产品,能满足部分饮食习惯有喜欢吃天然无污染绿色食品的愿望。这些产品可以直接在农村采购,采购价格不高,每年收集货源、店铺租金等大约5万元。
农家乐餐饮店	距离景区越近,越有优势,提供停车场所,提供采摘、垂钓、餐饮等服务,前景广阔。
农资服务店	供应商多,退货换货机制灵活。农资需求量不断增加,有一定的农作物生产知识,能提供农资售后服务。

经过前面的学习,你可能已经有了很多个作物生产创业项目了,接下来就是对每一个作物生产创业项目进行全面的分析,让每个创业项目从不确定、不清晰变为详细的、准确的项目,以便进一步地筛选和选择。

一、作物生产创业项目分析

（一）外部环境分析

作物生产创业项目的外部环境是一种不断变化的动态环境，创业者难以把握和控制。如消费者的口味、国家的政策法规、市场供求变化、新技术带来的生产过程的变化等。外部环境因素复杂多变，对作物生产创业活动影响巨大。因此，创业者要尽可能地通过各种信息渠道收集、整理、分析外部环境资料和数据。

（二）市场分析

精准的市场分析是选择好作物生产创业项目的前提和基础。最重要的是要进行市场需求分析，市场需求状况将决定未来创业活动的生产经营状况。它具体包括产品的需求总量、需求结构、需求规律、需求动机等。

（三）资源分析

作物生产创业者必须非常清楚自己所拥有的现有资源有哪些，包括土地、资金、技能、人脉、设备等。

（四）竞争对手分析

创业者必须对竞争对手的情况做好充分的调查。了解竞争对手的数量、经营状况、优势和劣势、竞争策略以及潜在的竞争对手等。这不仅能帮助创业者了解对手的情况，还能学习和借鉴竞争对手的长处、经验和教训。竞争对手可以成为创业者最好的老师。

（五）投资效益分析

创业者通过分析设施的总造价、设备的总投资、创办企业应缴纳的各种费用、产品的原材料价格、工人和管理人员的工资、产品的市场价格以及变化趋势等，计算出投资成本和产出，估算出投资效益，从而判断企业盈利情况。

二、作物生产创业项目筛选原则

在分析了每个作物生产创业项目具体情况后，创业者就要对其进行比较、权衡利弊，对作物生产创业项目进行筛选，选出一个既切实可行又适合自己创业的项目。可以考虑以下创业项目选择的原则：

（一）因地制宜，因时而种

作物生产离不开天，离不开地，各地的气候不同、土壤不同，种植的作物也不同，甚至施肥用药也不相同。因此，在没有设施栽培的条件下，因地制宜是不可忽视的。发挥自身地理气候优势，充分利用当地自然环境资源，发展前景广阔。

（二）选择投资少，风险小的项目

投资作物生产项目，要考虑环境、气候、市场、技术等因素。稍有不慎会前功尽弃，全军覆灭。因此当你瞄准某个作物生产项目时，最好适量介入，以较少的投资来了解市场，等到有较大把握时，再大量投入，放手一搏，不要嫌投入少利润低，切记“船小好调头”，即使出现失误，也有机会挽回。

（三）因市种植，因价上市，出奇制胜

作物生产要赚钱，就要紧紧围绕市场，围绕农产品如何卖个好价钱，让市场价格指导种植品种和种植时间。选择新品种、新技术往往能先获商机，稳操胜券，达到出奇制胜的效果。

（四）规模创造效益

没有规模成不了大气候，规模化后不仅可以机械化、专业化，还可以解决农产品销售问题。小规模种植发展后就要走联合、整合当地优势品种，区域化种植，走特色种植创立品牌之路。

三、作物生产创业项目的检验

通过前面的学习，筛选出一个适合自己的作物生产创业项目后，如果马上开始创业还是有一定风险的。选择的这个作物生产创业项目是否经得起推敲，还需要对这个项目进行检验。目前检验项目最常用的方法是 SWOT 分析法。SWOT 由优势（strength）、劣势（weaknesses）、机会（opportunities）和威胁（threats）4 个英文单词的第一个字母组合而成。

（一）优势和劣势

优势和劣势用于分析存在于作物生产创业项目内部的可以改变和控制的因素。

优势指的是作物生产创业项目的长处和积极方面。如你拥有一种新产品或新服务、你的产品质量好、你的技术水平高、企业的生产成本低、地理位置优越、符合顾客消费习惯等。

劣势指的是作物生产创业项目的弱点和欠缺的方面。如你的宣传资金欠缺、你的产品和服务的成本居高不下、你的产品售价高、你的综合售后服务不如竞争对手等。

（二）机会和威胁

机会和威胁用于分析存在于作物生产创业项目外部的、个人无法施加影响和控制的因素。

机会指的是作物生产创业项目能从周围环境中获得的一切有利因素。如国家对作物生产行业出台的优惠政策、市场对该产品的需求量增加、竞争对手因为某种原因退出市场等。

威胁指的是作物生产创业项目将遭遇到可能的不利因素。如政策变化风险，产品有强大的竞争对手，种子、农资等材料上涨，顾客减少等。

当你对作物生产企业完成 SWOT 分析后，如果发现你分析的结果是优势多于劣势，机会多于威胁，而且劣势能够克服，威胁也能找到方法加以避免，就意味着你的作物生产创业项目通过了 SWOT 分析，这个项目是合理的、切实可行的好项目，接下来就要为这个作物生产创业项目制订一份创业计划书。但是，如果优势、劣势、机遇和威胁四者之中只要有一项通不过，创业者就应该修改创业项目，使之完善，或者完全放弃这个创业项目。同时需要你牢记的是：运用 SWOT 分析法必须建立在你对作物生产创业项目进行独立的分析，并进行独立的决策和判断，而不能依赖任何人。

【郑军的创业故事（六）——筛选创业项目】

经过对 5 个创业项目反复的比较、权衡利弊后，郑军最终选择了沃柑种植创业项目。他运用 SWOT 分析法对选择的沃柑种植项目分别进行了进一步的分析(表 1-2-3)。

表 1-2-3　创业项目 SWOT 分析一览表

优势(S)	劣势(W)
本地是柑橘种植区,政府部门扶持力度大;沃柑是新品种,品质优良,市场价格稳定在 10～16 元/千克,前景广阔。自己大学里学习的是作物生产专业,也曾在柑橘种植园实习过,有柑橘种植的理论和实践经验,遇到技术问题也可请教大学老师,能解决技术问题和及时得到供销信息。自己拥有土地资源。	工人工资、农资等生产资料上涨幅度大导致生产成本较高;投资较大会造成后续资金紧张;产品在本地区的同质化程度高。
机会(O)	**威胁(T)**
政府对经济作物的扶持力度逐年增加。科技部门组建了柑橘产业服务团队,送技术到田间地头。市场对新品种沃柑的需求强劲;广西武鸣皇帝柑在国内柑橘市场上知名度较高。	本地区种植柑橘的人较多,竞争对手多;未来的产品价格难以准确预估。

四、作物生产典型创业项目分析

(一)板栗南瓜种植项目

种植见效快、易管理,南瓜是首选,2 个月让你满地开花,3 个月让你满地捡瓜。

效益分析

1. 成本核算:种子 250 元/(亩·季),底肥+化肥+农药约 300 元/(亩·季),人工费约 300 元/(亩·季)(种、施肥、打药、收南瓜),地租 300 元/(亩·季),打地费 100 元/(亩·季),合计约 1 250 元/(亩·季)。

2. 收益核算:每季产量 1 500～2 500 千克/亩,厂家保底回收 1 元/千克,每亩每季产值 1 500～2 500 元。

3. 纯利润:250～1 250 元/(亩·季),若市场价高,纯利润更高,一年可种植两季,利润在 500～2 500 元/(亩·年)。

(二)甜玉米种植项目

种植 100 亩的甜玉米每年可赚 5 万～25 万元,若市场价好,种植百亩赚 25 万元以上。有厂家保底回收 1.8 元/千克。

效益分析

1. 成本核算：种子 250 元/(亩·季)，底肥＋化肥＋地膜＋农药约 400 元/(亩·季)，人工费约 350 元/(亩·季)，地租 300 元/(亩·季)，打地费 100 元/(亩·季)，合计约 1 400 元/(亩·季)。

2. 收益核算：每季产量 1 000～1 500 千克/亩，厂家保底回收 1.8 元/千克，每亩每季产值 1 800～2 700 元。

3. 纯利润：400～1 300 元/(亩·季)，一年可种植两季，利润在 800～2 600 元/(亩·年)。

种植 100 亩的甜玉米每年可赚 8 万～26 万元。有厂家保底回收 1.8 元/千克，厂家可先赊种子。

（三）指天椒种植项目

效益分析

1. 成本核算：种子＋底肥＋化肥＋地膜＋农药约 1 550 元/(亩·年)，人工费约 3 000 元/亩，地租 600 元/(亩·年)，打地费 100 元/亩，合计约 5 250/(亩·年)。

2. 收益核算：每年产量 750～1 250 千克/亩，厂家保底回收 8 元/千克，每亩每年产值 6 000～10 000 元(如果市场价高，回收价也会高)。

3. 纯利润：750～4 750 元/(亩·年)，若市场价高，回收价更高，利益更为可观。

种植 100 亩的指天椒每年可赚 7.5 万～47 万元(按 8 元/千克)。厂家保底回收 8 元/千克，厂家可先赊种苗。

（四）特种丝瓜种植项目

效益分析

1. 成本核算：种子＋底肥＋化肥＋地膜＋农药约 3 000 元/(亩·季)，人工费约 1 000 元/(亩·季)，地租 400 元/(亩·季)，打地费 100 元/(亩·季)，搭架子 600 元/亩(可使用 2 年)，合计约 5 100 元/(亩·季)。

种丝瓜不要瓜，要丝瓜水。

2. 收益核算：每季产量 600～1 000 千克/亩，厂家保底回收 12 元/千克的丝瓜水，一亩每季产值 7 200～15 000 元丝瓜水。

3. 纯利润：2 100～9 900 元/(亩・季)，一年可种植两季，年利润可高达 4 200～19 800 元/亩。

种植 100 亩的特种丝瓜每年可赚 21 万～100 万元。有厂家保底回收 12 元/千克丝瓜水，厂家可选赊一半肥料和种苗。

（五）火龙果种植项目

效益分析

1. 成本核算：第一年种苗，800 株×12 元/株＝9 600 元/亩(60 厘米高的苗为例)，底肥＋化肥＋农药约 3 000 元/(亩・年)，人工费约 1 000 元/(亩・年)，地租 800 元/(亩・年)，打地费 100 元/亩，搭架子 1 000 元/亩(可使用 10 年)，第一年成本合计约 15 500 元/亩，第二年成本合计约 4 900 元/亩。

2. 收益核算：第一年产量 500～750 千克/亩，市场均价约 8 元/千克，第一年产值 4 000～6 000 元/亩。第二年产量 3 000～5 000 千克/亩，市场均价约 8 元/千克，第二年产值 12 000～20 000 元/亩。

3. 纯利润：第一年投资期，第二年利润可达 3 600～19 600 元/亩。

种植 100 亩的火龙果第二年以后每年可赚 191 万～351 万元。火龙果的特点是种一次可管 20 年不用重新种植，且管理简单，但就是第一年投资比较大，目前还没有对接到厂家保底回收，销路还要靠种植户自己找。

（六）皇帝柑种植项目

效益分析

1. 成本核算：第一年种苗，100 株/亩×15 元/株＝1 500 元/亩，每年底肥＋化肥＋农药约 3 000 元/亩，每年人工费约 1 300 元/亩，地租 800 元/亩，打地费 100 元/亩，第一年成本合计约 6 700 元/亩，第二年成本合计约 5 200 元/亩。

2. 收益核算：第一年及第二年不要果，第三年可产 250～400 千克/亩，市场均价约 10 元/千克，第三年产值 2 500～4 000 元/亩。第四年产量 2 000～3 750 千克/亩，市场均价约 8 元/千克，第四年产值 32 000～60 000 元/亩。

3. 纯利润：前三年属于投资期，第四年年利润可高达 19 000～37 000 元/亩。

种植 100 亩的皇帝柑第四年以后每年可赚 268 万～548 万元。皇帝柑的特点，种一次可管10年不用重新种植，但前三年投资比较大，目前还没有对接到厂家保底回收，销路要自己找。

练一练

请对自己的企业项目进行SWOT分析，填写表练1-2-4。

表练1-2-4　创业项目SWOT分析一览表

优势(S)	劣势(W)
机会(O)	威胁(T)

祝贺你经过上面的学习，你已经顺利完成了准备创办作物生产企业的两个步骤。现在请你总结你的企业创业项目。

如果你完成了创业项目总结后，你可以为你的企业准备一份创业项目计划。

1. 如果你仍然无法做出决定

如果经过了上述学习步骤后，你发现自己仍然不能确定哪一个企业项目最适合你，那么，你还需要做更多的工作。

2. 思考让你无法下定决心的具体原因

(1)是无法在5个创业项目中进行选择吗？如果你不知道在分析出的5个项目中选择哪一个项目进行创业，也许你需要进一步请教从事这些项目的“关键人”。在选择之前得到更多的意见和信息。通过本项目后面的行动计划将会给你提供帮助。

(2)是怀疑自己不适合创办一个作物生产企业吗？如果你对自己是否适合创业仍持怀疑态度，那么需要你再返回去重新做步骤一的自我评价练习。也许你更适合先就业，积累经验或了解更多的企业情况，而不是先创办企业，毕竟很多打工者也取得了骄人的业绩，赢得了社会的尊重，你可以选择一种更适合你自己的方式。

(3)是对筛选出的5个创业项目感到不满意吗？如果你经过反复思考，认为自己还是应该创业，只是苦于没有找到适合自己的创业项目，那么，你可以给自己放个长假，然后从第二个步骤开始，再次学习，重新开始选择其他的创业项目。

找到非常适合自己的创业项目是一件非常不容易的事情，需要你做大量的工作，收集更多的信息，当你朝这个方向努力时，你的知识、技能、眼界、思路等都会随之增加，而所有这些都将会提高你作为一名成功创业者的能力和素质。

练一练

1. 根据自身条件和所处的环境，认真思考，填写表练 1-2-5。

表练 1-2-5　作物生产企业项目解释表

项　　目	说　　明
我能想出的作物生产创业项目	
我的产品或服务将是	
我的顾客将是	
我能满足顾客的哪些需求	
我拥有的创办作物生产企业所需要的技能、经验和资源	
我筛选出了这个创业项目，是因为	

2. 根据自身条件和所处的环境，认真思考，制订你的创业项目行动计划（表练 1-2-6）。

表练 1-2-6　作物生产企业项目行动计划表

项　　目	说　　明
将采取的行动	
如何做	
谁做	
何时做	
预期结果	

步骤三

作物生产创业市场评估分析

知识目标

1. 了解作物生产市场现状及前景。
2. 了解作物生产市场调研的方法。
3. 掌握制定市场营销计划的方法。
4. 预测你选择的作物生产销售量。

技能目标

1. 能够利用市场调研的方法,调查作物生产市场的现状和前景。
2. 能够运用市场营销计划的方法,预测作物生产销售。

通过前两步的学习,你筛选出了自己的作物生产创业项目,还需要考虑你生产的产品或提供的服务所处行业的现状和前景怎样?市场有多大?这是帮助你获得创业成功的前提和基础。本项目将对作物生产市场行情的现状、前景、调研方法做具体介绍。

任务一　了解作物生产市场现状及前景

作物生产市场变化多端,行情时刻在变,了解作物生产市场行情就是为开拓作物生产市场,获得创业成功奠定良好的基础。要想从事作物生产行业的创业活动,首先要收集作物生产行业的信息,了解该行业的现状和发展前景,开展市场行情分析后,才能做出投资创业决定。

一、作物生产行业现状

我国的作物生产行业分布特点是北方以旱田为主,南方以水田为主,全国农作物种植面积约24亿亩。按照发展作物生产的条件、种植制度、作物结构、生产布局、商品化程度、发展种植业生产的方向和措施，以及区内相似性与区间差异性，并保持一定行政区界完整性的原则，把我国农作物种植区域划分为10个一级区和38个二级区(也有将其分为31个二级区)。

广西"十三五"规划明确提出大力发展现代农业。实现广西农业"六个全面提升"：全面提升粮食等重要农产品供给保障水平，到2020年粮食总产量稳定在1 500万吨左右，优势特色农产品有效供给的质量和效益显著提高。全面提升多种形式适度规模经营的引领水平，农业龙头企业、农民专业合作社、家庭农场的数量和质量均有大幅提升。全面提升农业技术装备水平，完成主要农作物新一轮品种更新换代，农作物耕、种、收综合机械化水平达到65%以上。全面提升农业生产经营效益水平，农业劳动生产率、土地产出率和资源利用率明显提高。全面提升农产品质量安全水平，农产品质量安全突出问题得到有效解决。全面提升农业可持续发展水平，农业面源污染和环境突出问题治理实现重点突破，初步形成生产、生活、生态相协调的现代农业发展格局。

二、作物生产行业发展前景

我国作物生产行业正处于传统种植业向现代种植业的转变时期。加快种植业发展方式转变，推进现代种植业发展，这是我们面临的一项重大而紧迫的历史任务。在转变种植业发展方式过程中，有4个方面的任务：一是要引入企业化生产方式；二是要规范企业化运营机制；三是要加强市场化运作模式；四是要协调种植业的可持续发展状况。

广西在确保农村稳定、粮食有效供给的前提下，进一步优化农业产业结构，提高农业产业化水平。依托资源区域优势，做足"特色"文章，大力发展特色农业、生态农业、观光农业，促进农业生产从产量型向质量型、效益型转变。在优化粮食品种结构的同时，提高名、特、优、稀、新品种在农产品中的比重，以无公害夏、秋季节蔬菜和无公害水果为重点，利用山区丰富的特种资源，大力发展绿色食品、森林蔬菜，创建优质绿色品牌，突出"无公害"的品牌优势，扶持一批名、特、优、新、稀农产品生产示范基地。总体形成高山药材，中部竹、林、果，低山平原葡萄、蔬菜和经济作物的良好布局。大力推进农业产业化进程，发展农产品加工龙头企业；加强农业基础设施建设，促进农业可持续发展；狠抓农产品流通，实现农产品畅销无阻。

当前我国农业正处在由传统农业向现代农业转变的时期。作物生产从分散经营向适度规模经营、从追求数量向量质并重、从初级产品生产向精深加工产品生产过渡、从国内市场向国内外市场并重、从“提篮小卖”向现代营销模式的转变。在这些转变过程中虽然存在许多的问题和困难，但同时在作物生产领域中也蕴藏着大量的创业商机，这点可以从国内大量第二、第三产业投资农业和许多国外农业公司积极进入我国农业市场的情况充分证明。因此，选择作物生产行业创业项目进行创业实践其成功的可能性是很大的，前途是光明的，前景是乐观的。

【郑军的创业故事(七)——开展行业现状和前景调查】

郑军确定了要创办沃柑种植园项目后，马上开展了大量调研工作。如沃柑行业发展现状及前景，沃柑发展现状及趋势等。

需要了解的柑橘市场现状及趋势。

柑橘是世界大宗水果，中国是世界上最大的柑橘生产国和消费国，柑橘栽培广泛分布于我国南方20多个省(区、市)。广西是柑橘生产主产区，柑橘是广西果农的主要收入来源。沃柑是由“坦普尔”橘橙与“丹西”红橘杂交获得的杂柑，属新兴发展起来的晚熟宽皮柑橘。2012年广西南宁市武鸣区率先引进种植。沃柑具有树势强旺、早结丰产、果实外观漂亮、果肉细嫩化渣、汁多味甜、高糖低酸、栽培管理较容易等特点，且市场接受度高，售价居高不下，深受广西果农欢迎。在广西发展势头迅猛，短短2年时间就已经发展近10万亩，其中仅南宁市就已经发展到30 000～45 000亩。目前仍呈现迅速发展的态势。

郑军在掌握了上述柑橘和沃柑行业的发展现状和前景后，他认为还需要调查沃柑市场行情、沃柑行业的竞争对手、沃柑在武鸣区发展的优势和劣势等问题。可他应该用什么方法获得这些信息呢?

练一练

根据你最终筛选出的作物生产创业项目，有针对性地开展行业现状分析及发展趋势前景调查，写一份行业发展调研报告。

任务二　开展作物生产行业市场调研

“没有调查就没有发言权”，作物生产行业竞争激烈，在选择作物生产行业创业前，必须开展周密的市场调查，可以亲自跑市场，也可以借助其他途径了解。

一、市场调研方法

市场调研的方法可以采用文案调研、实地调研、特殊调研 3 种方法。

（一）文案调研

通过查阅二手资料，并对其收集、整理和分析。

作物生产市场行情以各种各样的信息形式存在。这些信息存在于各种各样的资料当中，有些是现成的，可以直接运用；有些是隐藏的，需要从现象中分析提炼，形成有用的东西，为我所用。这些资料的来源有文献资料、报纸、杂志、专业书籍、新闻报道、互联网等。我们在条件允许的情况下可以直接进行资料查询。

（二）实地调研

实地调研可分为询问法、观察法和实验法 3 种。

1. 询问法

询问法是调查人员通过各种方式向被调查者发问或征求意见来搜集市场信息的一种方法。它可分为深度访谈、座谈会、问卷调查等方法，其中问卷调查又可分为电话访问、邮寄调查、留置问卷调查、入户访问、街头拦访等调查形式。对于作物生产市场行情中的一些专业问题，如资金运作、成本核算与控制、企业运营管理、生产经营技术、政府相关政策、法律法规等问题，最好请教专业人士来出谋划策。

采用此方法时应注意：所提问题确属必要，被访问者有能力回答所提问题，访问的时间不能过长，询问的语气、措辞、态度必须合适。

2. 观察法

观察法是调查人员在调研现场，直接或通过仪器观察、记录被调查者行为和表情，以获取信息的一种调研方法。

3. 实验法

实验法是通过实际的、小规模的营销活动来调查关于某一产品或某项营销措施执行效果等市场信息的方法。实验的主要内容有产品的质量、品种、商标、外观、价格、促销方式及销售渠道等。它常用于新产品的试销和展销。

（三）特殊调研

特殊调查有固定样本、零售店销量、消费者调查组等持续性实地调查；投影法、推测试验法、语义区别法等购买动机调查;计算机调查等形式。

【郑军的创业故事(八)——进行市场优劣调研】

经过查阅文献和利用互联网信息收集后,郑军发现目前武鸣区种植沃柑存在5大优势和4大问题:

郑军查阅到的5大优势是:

1. 地区优势。武鸣区是广西最早引进沃柑种植的区域,气候适宜,有地域和环境优势。

2. 政策优势。南宁市委、市政府出台了《南宁市十三五水果发展规划》(以下简称《规划》),《规划》明确南宁市未来水果发展以香蕉为中心,杂交柑橘、火龙果为两板块的“一中心,两板块”发展规划,到2020年发展以晚熟杂交柑为主的鲜食柑橘105 000亩,按3 000千克/亩计算,逐步形成年产30万吨鲜食沃柑的生产能力,实现错季上市。因此,武鸣区沃柑种植仍然有很大的市场空间和产业发展空间,应抓住这一难得的发展机遇,在沃柑种植上创造出一片天地。

3. 产业优势。近十年,广西十分重视柑橘黄龙病的防控工作,严格采取“种植无病苗、防治柑橘木虱、砍伐黄龙病病树”的措施,建立了一批柑橘无病毒良种繁育基地,持续推行广西柑橘无病毒良种繁育体系,使全区柑橘产业保持良好发展,种植面积逐年增加,为广西柑橘产业发展营造了良好的环境。

4. 市场优势。广西武鸣区种植的沃柑上市期为1月下旬至3月上旬,能够错开如皇帝橘、温州蜜柑、砂糖橘等10～12月的柑橘上市高峰期,填补柑橘淡季空档,横跨春节、元宵节等传统节日,市场售价能够体现应节优势。同时沃柑果皮新鲜,高糖低酸,品质优良,优于贮藏后上市的其他柑橘品种,竞争优明显势。目前,早中熟柑橘售价为3～6元/千克,而沃柑地头批发价达到14～16元/千克,优质果高达20元/千克,是其他柑橘售价的3～5倍,主要销往北京、上海、广东、香港等发达城市和地区,需求强劲,且供不应求。广西武鸣区种植的晚熟柑橘品种如茂谷柑,最初上市售价达到20元/千克,此后价格趋于平稳,连续8年维持在11～14元/千克,因此可以初步预测,沃柑在未来几年内的售价仍可以维持在7～12元/千克,经济效益可观。

5. 技术优势。早在4 000多年前广西就有柑橘栽培的记载,种植历史悠久。1978年,农业部确立广西为全国重要的柑橘生产基地,2003年又把广西桂北列入全国柑橘优势区域发展规划。全区从事水果生产的技术人员有8 000多名,有强大的技术团队，先后完成了“十一万亩柑橘中低园改造技术”“柑橘亩产双吨栽培技术”“广西柑橘无病毒繁育体系”“柑橘良种无病毒三级繁育体系构建与应用”等多个科研推广项目，获得国家级、省部级多个奖项。特别是广西科技厅连续多年在全区范围内选拔贫困县、贫困村科技特派员，让他们下到田间地头为果农提供免费的科技服务，这些科技人员为沃柑的育苗、定植、施肥管理、整形修剪、病虫害防治等提供了强大的技术保证。广西高校也培养出了一大批懂技术、会管理的新型职业农民技术队伍，广大果农已经掌握了比较好的柑橘栽培管理技术，为推动全区柑橘产业发展壮大起到了带动作用。郑军认为自己完全可以依托这些强大的技术团队，解决沃柑种植中出现的问题。

在全面了解了沃柑种植的5大优势后，同时郑军也了解到目前沃柑产业发展存在的4个问题。

1. 良种苗木繁育水平低。沃柑成熟晚、品质好，初上市价格非常高，受到多数果农青睐，种植积极性非常高，种苗的价格涨到了10～15元/株，许多果农自发从广西荔浦、武鸣、灵山和重庆等地，调回和预订嫁接苗，柑橘苗木的来源多样复杂，相当一部分的苗木来自不懂无病苗木繁育技术、乱采接穗的个体户或企业，随心所欲育苗、购苗和栽苗现象十分普遍，苗木品种混杂，质量低劣，调回或订购的沃柑苗基本没有植物检疫合格证、品种证、柑橘种苗生产许可证等“三证”，不能保证果苗的健康，而且劣质苗木甚至假苗致使一些检疫性或危险性病虫害如黄龙病、碎叶病、裂皮病、衰退病等引到产区，给沃柑产业发展埋下隐患。

2. 种植分散，基础设施薄弱。绝大多数的柑橘种植规模在4.5～15亩，仅有1%的果农种植规模在450亩以上，而规模在1 500亩以上的企业鲜见，分散种植现状导致难以形成标准化生产。近年来广西旱、涝、风、霜等自然灾害频发，而大部分果园位于山坡地，肥水贮备沤制系统、道路系统、排灌系统及防风系统等基础设施薄弱，抵御自然灾害能力弱，因灾减产问题较为突出，设施体系的不完善也导致了病虫害防治乏力。果园设施管护不好，对产业的发展极其不利，对产品质量也有一定程度的影响。

3. 沃柑配套栽培技术研究亟待加强。目前沃柑苗的嫁接砧木繁多，有红橘砧、酸橘砧、资阳香橙砧、枳壳砧等，由于种植时间不长，对不同砧木嫁接的沃柑的生物学特性、产量品质、丰产稳产性、抗病虫害能力、抗衰老性都没有系统的比较研究，究竟哪种砧木适合在哪些区域种植，尚无定论，有待开展进一步的科学研究。特别是沃柑溃疡病发生频繁，危害严重，成为沃柑产区最严重的病害，对沃柑溃疡病的防治药剂、防治时间、防治次数等栽培配套技术研究仍有待加强。

4. 商品化处理落后。随着柑橘的商品化程度越来越高。传统的统货鲜销的销售方式难以满足市场需求。广西的绝大多数的柑橘几乎没有进行任何商品化处理就直接投放市场，少数优质果经过简单清洗分级后出售，但也没有形成知名品牌。广西的柑橘在商品化处理方面无法与柑橘产业发展实现同步，这也是目前影响广西柑橘产业发展的主要原因之一。

练一练

根据你最终筛选出的作物生产创业项目，有针对性地开展行业现状分析及发展趋势前景调查，写一份行业发展调研报告。

二、市场调研步骤和流程

1. 调研步骤（图 1-3-1）

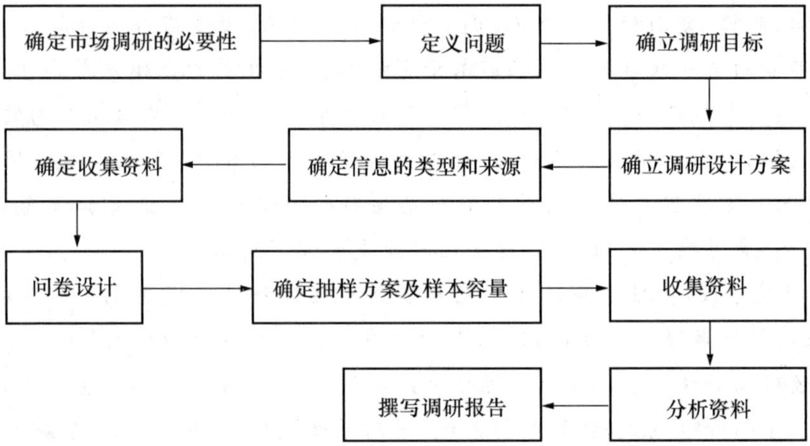

图 1-3-1　市场调研步骤图

2. 调研流程

调研计划撰写——调研问卷设计——调研问卷实施——调研问卷收集、整理——数据分析——调研报告撰写。

三、需要了解的作物生产市场行情

作物生产市场行情信息众多，而且以各种形式存在着，我们需要去伪存真，有针对性地选择信息，可以把握以下4个方面的内容：

（一）谁是你的顾客

选择了创办作物生产公司，你要确定为谁提供服务，销售什么类型的产品，用什么方式，什么时间，开展什么服务等问题。我们要分析投资什么可以获得最大化的利润，哪些人有需求有能力并且愿意购买？这些消费者就是我们的客户。

在进行客户分析时，我们可以从客户的年龄、性别、兴趣、爱好、收入、购买力和地区分布等方面进行市场细分，实现分类管理，同时有针对性地采取策略进行市场开发。

（二）谁是你的竞争对手

竞争对手是指在市场上提供与本企业相同或相似的产品和服务，且在配置和使用市场资源的过程中与本企业有竞争性的企业和个人。选择不同的竞争对手就会导致不同的行为和结果。一个行业中会存在无数的竞争者，你需要做的是找准主要的竞争对手，而不是所有的竞争对手。如果错误判断了竞争对手，就会直接影响决策的方向和目标，最终影响创业的成败。

主要竞争对手的特点包括：与本企业提供哪些相同或相似的产品和服务？与本企业有哪些市场范围是相同的？与本企业有没有共同的顾客？与本企业在技术、创新、产品性能、服务质量等方面有哪些相近之处？会不会对本企业的市场形成潜在的挑战和威胁？

在找准竞争对手的同时，还需要进一步了解他们的优势、劣势、发展计划和目标等。这样才能在向竞争对手学习的同时，找到相应的措施避免受到对手攻击，从而更好地发展自己。

（三）你的购销渠道在哪里

在主动性和发言权多数掌握在买方市场的情况下，再好的产品或服务也必须移居到街头巷尾，找准合适的购销渠道。购销渠道的选择有很多种，如参加政府牵头举办的农资产品展销会、推介会等；参加专门机构或组织专业从事种植产品购销活动；和上游经销商及下游客户签订合作协议，按要求供货；加强宣传，创造自己的作物生产特色品牌项目，经常参加展示活动或把客户请过来等。

（四）发展前景怎么样

一个好的作物生产创业项目，具有“四有”特征：即有一定规模、有发展潜力、有市场效益、有特色。市场发展前景需要调查的内容主要包括市场容量和需求调查、竞争对手调查、分销渠道调查、农户调查 4 个方面。

1. 市场容量和需求调查

明确该区域市场容量和需求特点，精准投放满足该区域需求的农资产品，是进入新市场要做的第一件事情。市场容量的调查包括：本区域的耕地面积、种植结构、每亩农资需求量等。相关数据可以从县、乡两级政府网站获取，也可以从当地统计部门获取，同时实地走访一些经销商和农户，核对手上数据。需求特点则要进行实地调研，主要对当地有影响力的经销商和乡镇的终端进行访谈，以及对当地农户进行有目的的调研，掌握各区域不同的需求特点。

2. 竞争对手调查

知己知彼，方能百战不殆，营销策略的制定必定是基于市场竞争基础之上的。因此，进入新区域必须要对该区域内主要竞争对手的相关情况进行全面深入的调查。竞争对手调查要通过不断地实地调研和访谈来获得准确的信息，调研对象主要是区域内经销商及终端零售商，调研内容主要是竞争对手的主销品种类型、销售价格及数量、销售区域、经销商情况、市场反应情况等，找出竞争对手空白区域和薄弱环节，以便可以快速进入市场，先发制人。

3. 分销渠道调查

分销渠道调查的目的是全面掌握区域市场内农资经销商和终端零售商的现状，找出适合公司的经销商及零售商网络。调查的内容主要包括经销商的主销农资品种及销量、经济实力、人员配置、企业及负责人信誉、经销区域、零售网点、农化服务能力等情况。经销商的选择要特别注意两个方面：一是一定要选择经济实力和人员配置相对较强的经销商；二是一定要选择主销产品意愿较强的经销商。

4. 农户调查

农户调查要选择有代表性的区域进行调查，特别是竞争对手的空白和薄弱区域的农户是调查的重中之重。通过农户调查，摸清农户的种植使用习惯、所关注的种植产品的主要特性、对价格的敏感性等，以便在下一步销售过程中，给零售终端提供有针对性的推广和促销支持。

【郑军的创业故事(九)——深化市场调研】

在调查了沃柑种植市场的优劣后，郑军认为自己还需要从顾客、竞争对手、购销渠道、销售发展前景等方面进行更进一步的调查，以便能更好地评估市场。下面是他完成市场调研后填写的内容(表 1-3-1)。

表 1-3-1　沃柑种植基地市场调研一览表

产品或服务	顾客	顾客的需要和喜好	竞争对手	销售前景
沃柑果实	农贸市场	品质好、果皮鲜艳、价格低廉。	已经有人种植，但规模不大，供不应求。	可销售中等偏下的果品，定价较低，销量可观。
	大型超市	果大，色泽艳丽，品质优良，价格中上。	供货及时充足，果大，卖相好。	可销售中等经过商品化处理的果品，定价可中等偏上。
	区外市场	果大，色泽艳丽，卖相好，品质好。	品质优，卖相好。	分级销售，售前进行商品化处理，定价中等偏上。
	休闲旅游者	包装精美，果品卖相好，品质优，价格高。	现场采摘，新鲜饱满，便于携带。	交通便利的地方，效益可观。

练一练

为你的创业企业开展市场调研，并填写在表练 1-3-1 中。

表练 1-3-1　市场调研一览表

产品或服务	顾客	顾客的需要和喜好	竞争对手	销售前景

四、制订市场营销计划

市场营销要解决企业、顾客和社会三者利益关系的矛盾。市场营销策略是企业以顾客需要为出发点，根据市场调查信息获得顾客需求量以及购买力的信息、业界的期望值，有计划地组织各种经营活动，通过相互协调一致的产品策略、价格策略、地点策略和促销策略，为顾客提供满意的产品和服务，从而实现企业目标的过程。制订市场营销计划的方式之一是从产品(product)、价格(price)、地点(place)

和促销(promotion)4 个方面着手,这 4 个方面构成了市场营销的全部内容,又简称为“4P”。

(一)产品

产品就是你计划向顾客销售的能满足顾客需要的东西。你必须确定要销售的产品或服务的类型、颜色、质量、规格、包装、售后服务等。当然,销售的产品和服务必须能满足顾客的不同需要。如种子可以满足农户种植的需要;农药可以满足农户杀死病虫害的需要;化肥可以满足农户提高农产品产量的需要等。所以,你只有在了解了顾客的不同需要之后,才能判断销售的产品和服务是否能满足顾客的需要。

顾客对产品或服务的需要不是一成不变的,特别是作为生产类产品或服务变化更快。因此,你必须时刻留意市场变化,及时调整你的产品或服务来满足顾客变化的需要。

(二)价格

价格就是你用产品或服务换回的钱数。在你制定你的产品或服务的价格时,你需要考虑你的成本、顾客愿意支付的价格、竞争对手的价格等因素。因此,你需要学习成本核算的相关内容才能最终制定出价格。现在,你可以先收集信息,初步确定一个可能的价格,然后回到市场营销计划中,并修改最终的价格。

(三)地点

地点就是你计划把自己的企业设在什么地方。如作物生产企业,地点应设在有资源可利用的地方。当然还要考虑以什么样的分销方法把产品销售出去。分销是指当企业地点不在顾客身边时,你能把产品或服务送到顾客能够购买的地方的方法。分销包括直销、零售和批发 3 种类型。

(四)促销

促销是指让顾客了解并吸引他们购买你的产品或服务。促销有广告、宣传、销售促销等方法。

促销很费钱,选择哪种促销方式取决于你销售的产品或服务,同时还要考虑促销成本。无论你选用哪种促销手段,必须保证促销的效果。一般来说,促销并没有固定的模式，出奇才能制胜，创新才是永恒。

【郑军的创业故事(十)——制订营销计划】

郑军经过前期大量的、较全面的市场调研后，制订了下面的市场营销计划。并分别记录到表 1-3-2 至表 1-3-5 中。

表 1-3-2　市场营销计划——产品计划表

项目	产品种类
	中柑所 091——新品系无籽沃柑
颜色	外观艳丽。果型扁圆，大小适中，单果重 120～200 克；果面光洁、橙红靓丽，果皮紧滑，蜡质层鲜亮。
品质	高糖。可溶性固形物(TSS)高达 17%～19%(最高达 22%)。肉脆、多汁，甜酸适度，风味浓郁，综合品质在同期上市的柑橘品种中绝无仅有。
特色	无籽，丰产。越冬落果极少，适应性强。
新鲜度	现场采摘，即可交货。

表 1-3-3　市场营销计划——价格计划表

项目	产品或服务种类
	中柑所 091——新品系无籽沃柑
成本	经过简单的成本核算，发现生产每千克沃柑的成本大约是 1.5 元。
顾客能接受的价格	14～20 元/千克
竞争对手的价格策略	最低：10 元/千克 最高：20 元/千克
我的价格策略	16 元/千克(统购批发，不分级果) 20 元/千克(分级包装好的优质果，远销果品)
制定价格策略的理由	新品种无籽，果大，外观艳丽，综合品质明显优于竞争对手。果实成熟期有大量采购货源。
是否可以打折	不打折
打折的理由	无
是否允许赊购	不允许

表 1-3-4　市场营销计划—地点计划表

地点	广西南宁市武鸣区宁武镇
选址原因	自己家有几十亩土地，周围有可流转的土地，能满足企业扩大规模的需要。
分销方法	远销区外、区内大型超市，少部分供给本地农贸市场。
选择这些销售对象的原因	区外货运车到田间要货，可以统购，降低销售成本；区内大型超市采购量大；一些中下小果可以供本地农贸市场。

表 1-3-5　市场营销计划——促销计划表

促销类型	具体内容	促销成本
在基地附近立一个广告牌	在基地路口立一个广告指示牌，广告牌上写“无籽沃柑种植基地”，并介绍基地规模、具体地址、提供的产品等。	10 000 元
宣传报道	通过新闻媒体、微信朋友圈、网络等渠道进行宣传。	无
包装广告	在包装箱上做产品和企业简介。	4 元/个
接受参观游览	通过邀请种植户和游客参观，邀请技术人员到田间指导的时机，扩大企业的知名度。	无

练一练

从产品、价格、地点和促销 4 个方面着手，为自己的创业企业制定市场营销计划。完成表练 1-3-2 至表练 1-3-5。

表练 1-3-2　市场营销计划——产品计划表

项目	产品种类
颜色	
品质	
特色	
新鲜度	

表练 1-3-3　市场营销计划——价格计划表

项目	产品或服务种类
成本	
顾客能接受的价格	
竞争对手的价格策略	
我的价格策略	
制定价格策略的理由	
是否可以打折	
打折的理由	
是否允许赊购	

表练 1-3-4　市场营销计划——地点计划表

地点	
选址原因	
分销方法	
选择这些销售对象的原因	

表练 1-3-5　市场营销计划——促销计划表

促销类型	具体内容	促销成本

五、预测销售量

利润决定着企业的生死存亡。销售预测关系到企业是否能够盈利。当然预测销售并不容易，但你可以通过参考同类企业的经营状况、是否有销售订单、收集的相关信息、积累的一些经验、国家的政策等方面进行预测。

【郑军的创业故事(十一)——预测销售】

郑军经过市场调研、和专家座谈、与同类企业对比、对收集到的顾客需求信息进行了综合分析后，对自己将要创办的企业进行如下销售预测(表 1-3-6)。

表 1-3-6　沃柑销售预测表　　单位:元/亩

产品	月份											
	1	2	3	4	5	6	7	8	9	10	11	12
沃柑	4	6	6	0	0	0	0	0	0	0	0	0

郑军对沃柑进行了销售预测后,认为这样的预测符合沃柑生产的实际,真正的收益是从种植后的第三年开始的。即使是丰产期,每年也有长达9个月(即4—12月份)是没有收入的,而沃柑的地租、农药、肥料、人工等则都需要大量的投入。因此他提醒自己一定要做好资金的合理分配,千万不能因为资金链断裂而影响企业的经营。

练一练

利用下表,为你的创业企业开展销售预测(表练1-3-6)。

表练 1-3-6　销售预测一览表　　单位:元/亩

产品	月份											
	1	2	3	4	5	6	7	8	9	10	11	12

步骤四

创业项目团队组建分析

知识目标

1. 了解作物生产创业项目组建员工的步骤。
2. 掌握你的作物生产企业需要什么样的员工。

技能目标

学会为你的作物生产创业项目组建员工的步骤。

经过对你的创业企业进行了销售预测后,你大概知道了自己企业的规模和能够提供的产品或服务。作物生产创业需要人来生产,现在你需要为你的创业企业组建人员,以实现你的生产、销售计划。本项目将为你介绍有关作物生产创业项目员工的挑选方法和确定企业员工的方法。

任务一　挑选作物生产企业员工的步骤

对于一个新开办的作物生产企业,各项工作都不能出现问题。哪些工作能自己完成,哪些工作需要员工来完成,你需要雇什么样的员工,需要多少名员工,这些你必须十分清楚。按照以下步骤,尽快建立一个适合自己企业的人员管理系统。

1. 把你需要完成的每一项工作都一一列出来
2. 考虑哪些工作你可以完成,哪些无法亲自完成
3. 把每项工作所需的知识和技能详细列出来
4. 如果所有的工作你都有时间、有能力,并且愿意自己完成,那么你要做好充分的思想准备
5. 决定你不能亲自完成的那些工作的员工数

6. 确定这些员工的岗位工作职责

任务二 确定你的作物生产企业需要什么样的员工

农业种植通常需要从事种植工作的农民。农资经营、农机技术等服务类企业需要从事商品销售的工人。农业、农机技术等服务类企业需要能够提供服务的员工。所有的企业都还需要进行一些与企业管理和后勤服务有关的工作,以确保各项工作都能顺利进行。如行政管理、记账、文秘、采购、存货管理等。在作物生产企业中,按照员工的工作时间长短可以分为长期工和临时工。长期工指长年在作物生产企业工作的员工。临时工指根据作物生产需要暂时到企业工作的员工。

有些工作如记账、专业技术人员并不需要全职员工来完成,但又必须有人来做,这些工作可以请兼职人员来完成。

【郑军的创业故事(十二)——定岗定责】

郑军虽然懂作物生产技术,但对记账不了解,他决定聘请一位会计,帮助自己的企业做好成本核算和利润分析等。想到企业规模会不断扩大,日常工作比较多,他需要一些办公室人员做帮手。为了进一步明确岗位职责和各种岗位的薪资待遇,他把想到的信息都记录在下表中(表 1-4-1)。

表 1-4-1 企业岗位职责一览表

工作岗位	所需的技能和经验	需要雇佣的员工数	月工资/元
办公室管理	懂企业管理,有较强的沟通、组织、协调和交际能力。	1人	3 000
财务	懂出纳、收付款、记账、管理现金、盘点库存等。	1人	2 500
营销与促销	市场调查、接订单、销售预测、制定价格、提出促销方案、发货送货、采购原材料等。	1人	3 500
专业技术人员	懂沃柑种植技术,能制订沃柑生产计划。	创业者	3 000
耕作人员	能吃苦,老实肯干,身体素质好。	1~20人	2 000
生产管理	制定生产技术;组织、监督生产;生产出优质果品;管理生产工具、设备、技术资料等。	1人	3 000
其他工作	专业协会会员、银行信贷等咨询。	兼职	视情况而定

练一练

根据你的企业实际情况，请完成表练 1-4-1。

表练 1-4-1　企业岗位职责一览表

工作岗位	所需的技能和经验	需要雇佣的员工数	月工资/元

任务三　团队管理方案分析

在寻找到合适的人员加入你的作物生产企业后，你需要激励他们去完成企业目标。因此，制订一个良好的管理计划对你的企业发展至关重要。新企业经常会遇到企业需要的员工大量流失的问题。留住企业需要的员工对于一个企业的发展壮大非常重要，你需要结合实际为你的作物生产企业制定一个可行的方案。

1. 充分了解员工，聆听员工的心声

俗话说“士为知己者死”。创业者在招聘员工时，如果能对员工的家庭教育背景、特长、思想和职业发展规划都非常清楚，并能及时聆听员工们的心声、关注他们的变化，能知人善用，并在他们困难时能雪中送炭，同时也及时告诉他们你的企业的发展目标，让员工和创业者在心灵上相互保持沟通和默契，那么这些员工是不会随意离职的。

2. 量才使用，建立公平的考核体系

“尺有所短，寸有所长”，每个人在能力、性格、态度、知识、修养等方面各有长处和短处。用人的关键是适用性。作为一个管理者，不仅要看到考核表上的评分，更需要从他们的工作中观察其处事态度、完成工作的速度和准确性，从而真正判断出其下属的潜能。也只有如此，创业者才能灵活、有效、成功地管理他的员工、使事业蒸蒸日上。

3. 激发员工的潜能，引导员工合理竞争

每个人的潜能是不同的，对不同特质的人，采取不同的激励手段才可能达到好的效果。建立一套正确的业绩评估机制，以工作业绩评估其能力，根据不同人的特点采取不同的激励方法，从而引导他们合理正向竞争。

4. 增加培训的力度，提高员工的综合素质

通过对员工开展各种类型的培训活动，使他们学到更多的知识，从而提高他们的专业技能和综合能力。

练一练

1. 根据你选择的种植行业创业项目，列出你企业所需要的工作种类。
2. 结合实际情况，谈谈你所需员工的数量、种类及原因。
3. 画出你的企业组织结构图。

步骤五

创业启动资金预测分析

知识目标

1. 预测你的启动资金。
2. 掌握筹集创业资金的主要渠道。

技能目标

1. 学会正确地预测你的创业资金。
2. 能够运用创业资金的主要渠道，为你的企业筹集创业资金。

作物生产企业需要多少启动资金？需要依据创业者选择项目的种类、规模、经营地点等情况而定。本项目将介绍如何估算启动资金，通过哪些渠道可以筹集资金。

任务一　预测作物生产企业启动资金

一旦决定创办作物生产企业，就必须仔细预测这个创业项目所需要的启动资金。虽然需要多少启动资金，创业者在开始前已有一个初步的估算，但是，这个估算并不准确。因此，在实施创业之前，需要对启动资金进行一次准确地预测，这样才能保证企业日后发展的资金需求。

一、估准资产费用

创业者在对创业项目所需的资产费用进行估算时，应根据创业项目的产品或服务方案、零售店规模等要求，对项目投资可能需要的启动资金进行估算。

启动资金包括投资和流动资金。投资是指你为企业购买价值较高、使用寿命长的资产及创办企业所支出的一次性费用。它包括固定资产和开办费。

固定资产是指价值较高、使用寿命较长的资产。如房屋、运输工具、机器、设备等。购置固定资产的主要目的是为了存放种植商品、提供服务、出租或经营管理，而不是为了出售。固定资产的耐用年限至少超过一年或大于一年的一个经营周期，而且最终要将其废弃或重置。

开办费是指创办企业前所需要支付的一些一次性的费用，如装修费、证照办理费、牌匾制作费等。在创办企业时，你需要创办前的筹备工作，这些工作是指你在企业成立之前就必须进行的，包括获得土地、建筑等；寻找和选择设备；寻找原材料供应渠道；获得相关行政管理部门的批准等。

如果低估了资金需求，在开始盈利之前，可能就已经用光了运营资金。如果高估了资金需求，又可能无法筹集到足够的资金而影响起步。即使筹集到了，也会增加资金的利息支出，提高生产经营的成本。

因此，创业者在估算创业资金时一定要控制在合理的范围，尽量把企业的投资降低到最低限度，这样才能降低创业风险，使你的企业由小到大、由弱变强。

固定投资一般可分为企业用地或建筑和设备两大类：

1. 企业用地或建筑

开办作物生产企业，需要场地和建筑来开展工作。如果你能在家中办公，无疑能降低投资。在步骤三的学习时，你已经决定了在哪里开办你的企业了，那么，现在你需要考虑的就是需要什么样的建筑了。

当你想清楚了需要什么样的建筑时，你需要从建厂房建筑、买厂房建筑、租厂房建筑和在家开业这 4 种情况中做出选择。

如果你的企业对建筑物有特殊的要求，比如从事食用菌生产，需要无菌室等，最好选择建设自己需要的厂房。不过你要清楚，这样做需要大量资金，而且见效周期也比较长。

如果你能在优越的地点找到合适的建筑，那么购买现成的建筑会简便快捷。不过现成的建筑往往需要你改造后才能适合你的企业发展需要。当然这样也需要花费大量的资金。

租房比建房和买房更灵活，需要的资金也更少。不过租房不如自己有房安稳，而且也需要你花钱进行改造才能适用。

在家开业最为方便便宜。但即使这样也少不了要做些调整。在你创业之初，在家开业是起步的好办法，日后企业成功时再租房或买房也不迟。只是在家开业，需要你协调好业务和生活，避免他们相互干扰。

2. 设备

设备是指你的企业所需要的所有机器、工具、车辆、设施、办公家具等。作物生产在设备上需要一定的投资，因此了解你需要哪些设备，并正确的选择设备类型非常重要。你必须考虑好你所需要的机器、设备的数量、价格、产能、配件、设备的供应渠道等。

需要你清楚的是，开展这些工作都需要资金支出，你必须做哪些工作，并为此测算需要的资金量。

二、预留风险资金

在激烈的市场竞争中，创业项目运行过程的某一方面或某个环节出现问题，都能使风险转变为损失，导致企业陷入困境甚至破产。财务风险往往来源于资金利润率不高和债权不安全两个方面。种植创业项目还面临技术服务不全面或种植无效而引起的理赔风险损失。因此，在估算创业资金时，要对创业资金的使用做好统筹安排，预留风险资金，做到有备无患。

拓展案例

厂长急寻合作伙伴渡难关

2008 年初，梁某租了一个 500 多 m^2 的废旧厂房，用来种植白色金针菇。7 月 26 日，该工厂生产种植的第一批金针菇开始供应市场。由于在生产过程中没有添加任何化肥，没有喷洒任何农药，是安全健康的无公害食品，加上价格也比较适中，因此在市场上颇受市民的欢迎。

但是好景不长。8 月 11 日凌晨，该地区普降大雨，山体滑坡产生大量泥石流，洪水夹杂着泥沙汹涌冲入厂房，厂房陷入一片汪洋之中。经初步估算，造成直接和间接经济损失 10 万元。因为没有考虑预留风险资金，梁某已没有资金投入恢复生产，工厂濒临破产。梁某不想让辛辛苦苦建起来的工厂就这样轻易倒闭，于是便在媒体上发布求助信息，希望寻求合作伙伴，渡过难关。（资料来源：珠江商报）

启示

许多创业者在项目实施过程中，往往会因为后续资金不足而影响创业项目的正常运转，甚至可能导致破产。预留部分风险防范资金，则可以缓解由于风险的不确定性所带来的项目继续运转的资金压力。

在一些传媒报刊上,我们常常会看到诸如“投资千元创业”“万元加盟开一个自己的小店”“投入几千可办工厂”等项目宣传广告,这些投资小、门槛低的项目对许多初次创业者来说,具有很强的诱惑性,可是在这些低投入的项目背后,常常会因为后续资金不够造成项目夭折或中途搁浅。因此,我们在估算创业所需要的资金时,要考虑准备必要的风险防范资金。

三、算足流动资金

流动资金指你的企业日常运转过程中所需要支出的资金。作物生产公司一般要在运转一段时间后才能有收入。如农资、农机企业在开始有销售收入前必须先买进一定量的存货或产品;农业旅游服务行业在开始提供服务之前必须购买必要的材料,而且在顾客光临前还需要进行大量的宣传和促销,在此期间还要支付员工的工资、房租等。

企业因性质和经营的产品不同,需要的流动资金量也各不相同。有的作物生产企业的流动资金需要满足企业 10 年以上(如某些成材林木的种植)的需要,有的可能是 2 个月的需要(如某些蔬菜种植)。你必须估计自己的作物生产企业需要多长时间才能获得销售收入,并把你的流动资金准备的富裕些。

总之,你需要流动资金支付的开销包括购买原材料或成品、促销、工资、水电费、租金、保险费和其他费用等。

这里所说的原材料或成品是指作物生产企业需要购买种子、农药、肥料等;农资和农机经营企业需要购买成品进行销售,并需要购买存货以保障供应;开办农业休闲旅游服务企业也需要购买原材料。

因此,无论你从事哪种经营,你必须估算出在你获得收入前你需要支出的资金。对于作物生产企业,你必须估算出销售你生产的产品之前需要多少原材料保证生产。

任务二　筹集创业资金的主要渠道分析

估算好创办一家作物生产企业启动资金的同时,就要想办法筹集资金。那么,到哪里去筹集资金呢?目前,国内创业者的融资渠道较为单一,主要靠银行等金融机构来实现。其实创业融资,要多管齐下,才能多多益善。那么,如何借助内外力量实现“巧”融资呢？下面介绍4种方法：

一、自有资金优先用

创业之初，自有资金是最可靠也是主要的资金筹集渠道之一。银行存款利息低，资金增值速度太慢，资金只有变成资本才能迅速增值。因此，决定进行种植园创业后，就应该果断的把手上的钱投资到选择好的项目中去。

二、现有资产多利用

现有资产包括创业者和创业团队的土地、房屋、办公设备、交通工具等。创业者要尽可能利用这些现有资产。如开种子店需要店铺，如果创业者有临街或位置较好的房屋，就可以节省一大笔租赁费，相当于筹借到数量可观的创业资金。

目前，农村由于多镇合并、村庄合并以及撤点并校等，存在不少闲置房产，农业创业者应有意识地利用好这些资产进行创业，尤其是对于刚刚踏入创业门槛的创业者来说，在资金相对紧张的情况下，可以考虑抓住这些机会。

三、贷款资金敢于用

如果自有资金和现有资产仍然满足不了创业发展，为了成就辉煌事业，抓住宝贵的发展机遇，贷款是实现创业快速发展时期筹集资金的必要手段。贷款有两种方式，一种是向亲友借款，另一种是去银行贷款。

（一）亲友借款

此种形式借贷的规模较小，在农村比较常见，但涉及面较大，少则几百元，多则几千元、上万元，融资主体主要为农户，借贷双方关系较为密切，一般是亲朋好友之间相互借用，主要是应付短期生活急需，有一定的预期还款能力，不计付利息或利息低微，没有明确的还款期限，往往以口头协议的形式订立，无任何书面证据。在这种情况下，一旦一方予以否认，对方就会因为拿不出证据而陷入“空口无凭”的境地，即使诉至法院，出借人也会因无法举证而败诉。根据《最高人民法院关于人民法院审理借贷案件的若干意见》第4条规定，人民法院审查借贷案件的起诉时，应要求原告提供书面借据；无书面借据的，应提供必要的事实根据。对于不具备上述条件的起诉，裁定不予受理。由此可见，出、借双方订立书面协议是很有必要的。出、借双方订立书面协议时，协议上应写有：出借人和借款人的姓名（以户口本或者居民身份证为准);借款用途;借款金额(大小写一致);币种(人民币还是外币);借款时间和还款时间(标明某年某月某日);还款方式和违约责任等内容。如果是有利息的借款,协议上必须写清利率。为了保护出借人的合法权益,出借人必须注意妥善保存书面协议等证据,以便日后发生纠纷时有所凭据。

(二)银行贷款

银行贷款是指个人或企业向银行根据该银行所在国家政策以一定的利率将资金贷放给资金需求的个人或企业,并约定期限归还的一种经济行为。贷款类型及申请条件有以下5种:

1. 个人信用贷款

个人信用贷款是较为时尚的贷款方式,是以借款人的信誉发放的贷款,借款人不需要提供担保的一种贷款方式。

那么申请此类贷款需要什么条件呢?通常情况下,银行要求借款人具有二代身份证、稳定的工作证明、收入证明、贷款用途证明、个人信用状况良好证明等;对借款人的收入也有一定条件的限制,一般会要求借款人月均收入不低于4 000元。在提交相关申请资料后,银行审核通过就可以申请到月收入5～8倍的贷款,即无抵押无担保贷款。

2. 抵押贷款

抵押贷款是指借款人向银行提供一定的财产作为信贷抵押的贷款。越来越多人选择房产抵押贷款,贷款利率一般为基准利率,还款压力较小。那么申请该类贷款需要什么条件呢?一般来说,除了对贷款人收入信用方面有较强的要求外,房屋的年限还要在20年以内,房屋面积大于50 m^2,房屋具有较强的变现能力,抵押贷款额度一般不得超过房屋评估值的70%。这样在提交相关资料、银行审核通过后,就可以申请到最高不超过1 500万元,期限最长20年的贷款。

3. 大学生创业贷款

创业贷款是指具有一定生产经营能力或已经从事生产经营活动的个人,因创业或再创业提出资金需求申请,经银行认可有效担保后而发放的一种专项贷款。符合条件的借款人,根据个人的资源状况和偿还能力,最高可获得单笔50万元的贷款支持。

很多地区都对大学生创业贷款有扶持政策,常见的有贷款补贴或者无息贷款。那么申请此类贷款需要什么条件呢?一般来说,大学生创业贷款要求包括:在读大学生以及毕业2年以内的大学生；大专以上学历；18周岁以上。相对而言，对于该类贷款的申请条件还是比较宽松的，只需将学生证、成绩单、对账单等资料提交给银行，审核通过后即可获得贷款。

4. 个体户贷款

个体户如今已经成为社会经济发展的主力部队，面对融资困难，许多人选择该类贷款，申请此类贷款需要什么条件呢？一般来说，需具有完全民事行为能力，有当地户口；有本地固定的经营场所，且收入稳定；能提供合法的抵（质）押物；在贷款行开立存款账户。在满足以上条件后，将银行要求的资料提交审核即可。

5. 担保贷款

以担保人的信用为担保而发放的贷款。

四、创业基金争取用

国家和各地政府出台了一系列支持农业发展的惠农政策，下拨了专项创业基金，帮助农业行业的创业者，如果创业者对这些扶持不熟悉，不争取利用，则无法缓解创业之初资金匮乏的问题。因此，资金紧缺时，可以利用政府以及金融机构的扶持政策筹措资金，以解资金匮乏的燃眉之急。创业融资渠道有：

（一）风险投资

风险投资是由职业金融家投入到新兴的、迅速发展的、具有巨大竞争潜力的企业中的一种权益资本。广义的风险投资是指一切具有高风险、高潜在收益的投资；狭义的风险投资是指以高新技术为基础，生产与经营技术密集型产品的投资。

（二）天使投资

天使投资是自由投资者或非正式风险投资机构，对处于构思状态的原创项目或小型初创企业进行的一次性前期投资。天使投资是风险投资的一种，其资金来源大多是民间资本。

（三）创新基金

我国科技型中小企业的发展势头迅猛，已成为国家经济发展新的重要增长点。这些处于创业初期的企业面临迫切的需求和困难，成为政府致力解决的重要问题。

（四）中小企业担保贷款

一方面中小企业融资难，另一方面银行资金缺乏出路。银行认为为中小企业发放贷款，风险难以防范。随着国家政策和有关部门的大力扶植以及担保贷款数量的激增，中小企业担保贷款必将成为中小企业另一条有效的融资之路。

（五）政府基金

各省、市、地方政府，为了增强自己的竞争力，不断采取各种方式扶持科技含量高的产业或者优势产业。为此，各级政府相继设立了一些政府基金予以支持。

（六）典当融资

典当的主要作用就是救急。与作为主流融资渠道的银行贷款相比，典当融资虽只起着拾遗补缺、调余济需的作用，但由于能在短时间内为融资者争取到更多的资金，因而被形象地比喻为“速泡面”，正获得越来越多创业者的青睐。

练一练

请选择你感兴趣的种植创业项目，分析哪些方面需要资金？测算一下需要的资金？考虑如何筹集到创业所需的资金？

步骤六

作物生产企业法律形态及法律责任分析

知识目标

1. 合理选择作物生产企业法律形态。
2. 了解作物生产企业相关的法律责任。
3. 申办企业前的准备。
4. 申办企业的程序。

技能目标

1. 能够根据实际情况，合理选择作物生产企业法律形态。
2. 能够掌握创业企业的申办流程。

创办作物生产企业充满挑战，更充满机遇，目前我国的社会环境和政策导向都有利于作物生产企业的发展壮大。本步骤结合我国农村的实际情况，主要介绍如何申办几类法律形态的企业和作物生产企业相关的法律责任。

任务一　合理选择企业类型

要创办作物生产企业，首先需要了解我国的企业有哪些类型，各种不同类型企业之间存在哪些差别，然后再根据自身的优势和不足选择创办不同的企业或经济组织。

一、熟悉企业不同的法律形态

（一）个人独资企业

个人独资企业是依照《中华人民共和国个人独资企业法》的规定在我国境内设

立、由一个自然人投资、财产为投资人个人所有、投资人以其个人财产对企业债务承担无限责任的经营实体，其典型的特征是个人出资、个人经营、个人自负盈亏、自担风险、个人享有全部经营收益的企业。主要适用于农业、林业、渔业、零售业、手工业、服务业和家庭作坊等。

（二）个体工商户

个体工商户是指有经营能力并依照《个体工商户条例》的规定经工商行政管理部门登记，从事工商业经营的公民。《个体工商户条例》第 2 条第 1 款规定："有经营能力的公民，依照本条例规定经工商行政管理部门登记，从事工商业经营的，为个体工商户。"根据法律有关规定，能申请个体工商户经营的主要是城镇待业青年、社会闲散人员和农村村民。国家机关干部、企事业单位职工，不能申请从事个体工商业经营。

个体工商户是以个人或家庭财产承担无限连带责任，没有注册资金。其典型的特征是从事工商业经营的是自然人或家庭；自然人从事个体工商业经营必须依法核准登记；个体工商户只能经营法律、政策允许个体经营的行业。

（三）合伙企业

合伙企业是指自然人、法人和其他组织依照《中华人民共和国合伙企业法》的规定在我国境内设立的普通合伙企业和有限合伙企业。

1. 普通合伙企业

普通合伙企业由 2 人以上普通合伙人（没有上限规定）组成，合伙人对合伙企业债务承担无限连带责任。国有独资公司、国有企业、上市公司以及公益性的事业单位、社会团体不得成为普通合伙人。

2. 有限合伙企业

有限合伙企业由 2 人以上 50 人以下的普通合伙人和有限合伙人组成，其中普通合伙人至少有 1 人，当有限合伙企业只剩下普通合伙人时，应当转为普通合伙企业，当只剩下有限合伙人时，应当解散。

（四）有限责任公司

有限责任公司是指由一定人数的股东组建的，股东以其出资额为限承担责任，公司以其全部财产承担责任的企业法人。

1. 有限责任公司的设立条件

（1）具有符合法律规定的股东人数。按照新《中华人民共和国公司法》（以下简称《公司法》）规定，有限责任公司由 50 个以下股东出资设立。一个自然人或一个法人可以投资设立一人有限责任公司，一个自然人只能投资设立一个一人有限责任公司。一人有限责任公司应当在公司登记中注明自然人独资或者法人独资，并在公司营业执照中载明。

（2）股东出资达到法定资本最低限额。原《公司法》规定：以生产经营或商品批发为主的公司最低限额为人民币 50 万元；以商业零售为主的公司最低限额为人民币 30 万元；科技开发、咨询、服务性公司最低限额为人民币 10 万元。根据 2005 年修改后的《公司法》规定，有限责任公司注册资本的最低限额为人民币 3 万元；一人有限责任公司的注册资本最低限额为人民币 10 万元。

（3）股东共同制定公司章程或一人有限责任公司股东制定的章程。

（4）有公司名称。公司名称中应标明“有限责任公司”或“有限公司”字样，并建立符合有限责任公司要求的组织机构。

（5）有固定的生产经营场所和必要的生产经营条件。

2. 组织机构

完整的组织机构应当包括股东会、董事会和监事会。股东会是有限责任公司的权力机构，是由全体股东组成的表达公司意思的非常设机构，股东会对外不代表公司，对内不执行业务。董事会是有限责任公司的执行机构，是由股东大会选举产生，对内执行公司业务，对外代表公司的常设性机构，股东人数少和规模较小的公司可不设董事会，仅设一名执行董事。监事会由股东代表和适当比例的公司职工代表组成，具体比例由公司章程规定，监事会中的职工代表由公司职工民主选举产生。有限责任公司，股东人数较少和规模较小的，可以设 1～2 名监事。董事、经理及财务负责人不得兼任监事。

3. 股东的权利和义务

企业法律形态的选择必然由出资人完成，公司股东首先考虑的是个人权利义务、风险和利益。

股东的权利通常简称为股东权或股权，是指股东基于其出资在法律上对公司所享有的权利。股东的权利分为自益权和共益权。自益权是从公司得到经济利益的权利；共益权是股东参与公司经营管理和监督的权利。股东在行使共益权时，同时也是实现或保障股东自身的利益。

特别提醒：有限责任公司的创办程序复杂。最好寻求专业人员或代理机构的帮助。

（五）农民专业合作社

农民专业合作社是在农村家庭承包经营基础上，同类农产品的生产经营者或者同类农业生产经营服务的提供者、利用者，自愿联合、民主管理的互助型经济组织。其典型的特征是自愿、自治和民主管理。

农民专业合作社以其成员为主要服务对象，提供农业生产资料的购买，农产品的销售、加工、运输、贮藏以及与农业生产经营有关的技术、信息甚至网上交易等服务。

农民专业合作社的成员中，农民至少应当占成员总数的80%。成员没有上限，可以跨地区发展成员。成员总数20人以下的，可以有一个企业、事业单位或者社会团体成员；成员总数超过20人的，企业、事业单位和社会团体成员不得超过成员总数的5%。

农民专业合作社成员以其账户内记载的出资额和公积金份额为限对农民专业合作社承担责任。农民专业合作社对由成员出资、公积金、国家财政直接补助、他人捐赠以及合法取得的其他资产所形成的财产，享有占有、使用和处分的权利，并以上述财产对债务承担责任。

（六）家庭农场

家庭农场是以家庭成员为主要劳动力，从事农业规模化、集约化、商品化生产经营，并以农业收入为家庭主要收入来源的新型农业经营主体。

家庭农场以追求效益最大化为目标，使农业由保障功能向盈利功能转变，克服了自给自足的小农经济弊端，商品化程度高，能为社会提供更多、更丰富的农产品。家庭农场比一般的农户更注重农产品质量安全，更易于政府监管。

调查表明，家庭农场平均经营规模达到200.2亩，是全国承包农户平均经营耕地面积7.5亩的近27倍。全国家庭农场经营总收入为1 620亿元，平均每个家庭农场收入为18.47万元。

家庭农场是2012年前后才兴起的新型土地规模经营主体，一直以地方实践为主，中央层面尚未对其做出明确定义。尽管具备较强的技术能力和生产实践经验，但由于缺少资金，对基础设施和生产资料长期性投入能力不足，加上土地流转不规范引发的隐患，使家庭农场主扩大生产的积极性受到影响。

推广家庭农场，应明确家庭农场的定义，加大扶持力度，制定财政、税收、用地、金融、保险等优惠政策，为家庭农场的发展创造良好的政策环境。

（七）农村承包经营户

农村承包经营户是指农村集体经济组织的成员，在法律允许的范围内按照承包合同规定从事商品经营。根据《中华人民共和国民法通则》规定，农村集体经济组织的成员，在法律允许的范围内，按照承包合同规定从事商品经营的，为农村承包经营户。其典型的特征是必须以"户"的名义进行经营活动。可以是 1 个人经营，也可以是家庭经营。

农村承包经营户是我国农业创业中一种非常普遍的法律形态，创办费用低，创办风险大。农村承包经营户的债务，个人经营的以个人财产承担，家庭经营的以家庭财产承担。通过承包合同产生，其所利用的是集体的资源。从事承包经营的家庭或个人，对承包的生产资料不享有所有权，只享有经营权。

此外，还有股份有限公司、国有独资公司、非公司企业等企业形态，因这些在作物生产创业初期涉及较少，故在此不做阐述。

二、选择正确的企业法律形态

不同的企业法律形态各有利弊，在你没有充分理解为什么要选择某一种法律形态之前，请不要忙着做决定，要考虑自己的实际状况。

(1)如果你的企业创办资金较少，又不打算借债，项目风险又小，可以考虑选择手续简单的个体工商户、个人独资企业或合伙企业。

(2)如果你的企业需要投入的资金较多，规模较大，项目风险大或你的承担风险能力弱，你可以考虑选择有限责任公司。

(3)如果你的资金和技术不足，但有志同道合的朋友愿意帮你或和你一起干，你可以考虑选择农民专业合作社、合伙企业。

(4)如果你不喜欢与他人合作，怕麻烦或怕得罪人，你可以考虑选择个体工商户、个人独资。

表 1-6-1 中列出了 6 种企业法律形态之间的区别。你可以利用该表内容，根据自己的实际情况进行分析评估。

表 1-6-1　6 种企业法律形态一览表

项目	个体工商户	农村承包经营户	个人独资企业	合伙企业	农民专业合作社	有限责任公司
登记注册	需要进行登记注册	需要签订合同	需要进行登记注册	需要进行登记注册	需要进行登记注册	需要进行登记注册
创办企业的成本费用	低	低	低	低	高	高
注册资金要求	无	无	无	无	无	有
创办企业复杂程度	简单	简单	简单	较简单	复杂	复杂
业主数量	1个	1个或1户	1个	最少2个	最少5个	1个或数个
业主对企业债务的责任	无限责任	无限责任	无限责任	无限连带责任或有限责任	有限责任	有限责任
风险	大	大	大	大	小	小
企业决策过程	业主	户主	业主	所有人	理事长或理事会任命管理人员经营企业	股东任命理事会，董事会任命管理人员经营企业
纳税	不纳企业所得税，个人所得缴纳个人所得税	免征农业税	不纳企业所得税，个人所得缴纳个人所得税	不纳企业所得税，各合伙人为各自分得的利润纳税	征增值税，对企业所得税按不同情况给予全免或50%税额的优惠	公司缴纳企业所得税等。按情况给予全免或50%税额的优惠

【郑军的创业故事(十三)——选择企业法律形态】

郑军了解了各个企业法律形态的优劣,又咨询了有关部门。考虑到自己的沃柑种植创业项目投资大,市场风险也大,再加上自然灾害和技术问题等都难以控制,他认为选择有限责任公司能降低企业风险。最终他决定选择有限责任公司这一企业类型。

练一练

仔细考虑每一种企业法律形态的优缺点,为你的企业选择合适的企业法律形态,并阐述你选择这一法律形态的原因。

任务二 作物生产企业相关的法律责任

你一旦选择了企业的法律形态,接下来就需要了解选择的企业的法律环境和你需要承担的相关法律责任。你只有了解自己企业所适用的法律,依法经营,企业的合法利益才能受到国家法律的保护。

一、企业相关法律知识

(一)了解企业相关法律的重要性

创业者如果不懂得有关与企业开办和经营相关的法律法规。将给你的企业带来很多麻烦。

(1)不讲信用,我们谈好的价格说变就变,这也怪我,当时为什么不签订书面合同?

(2)我们几个合作创办了一家企业,我现在想退出,为什么要征求其他几个合伙人的同意呢?

(3)我和员工说好就这么多工资,为什么不行?(低于本市规定的最低工资,违法)

(4)女同志怀孕生孩子去了,不能为公司产生效益,为什么不能辞退她?(不能解雇她,这是劳动法对女职工的法律保护)

遵纪守法的企业不仅可以减少麻烦,也将赢得客户的信任、供应商的合作、职工的信赖、政府的支持,甚至赢得竞争对手的尊重,为自己营造一个良好的生存发展空间。

(二)与新创办的作物生产企业直接相关的基本法律、法规

1. 与新创办农业企业相关的基本法律(表 1-6-2)。

表 1-6-2 与新办农业企业相关的基本法律一览表

法律名称	相关内容
中华人民共和国民法通则	个体工商户、农村承包经营户、个人合伙、企业法人、联营、代理、财产所有权、债权、知识产权、民事责任等。
企业法	个体工商户管理条例、个人独资企业法、公司法、农民专业合作社法等
中华人民共和国合同法	一般合同的订立、效力履行、变更和转让、权利义务终止、违约责任等。具体合同有:买卖、借款、租赁、运输、技术、建设工程、委托等。
中华人民共和国劳动法	劳动合同法促进就业、劳动合同和集体合同、工作时间和休息休假、工资、职业安全卫生、女职工和未成年职工特殊保护、职业培训、社会保险和福利、劳动争议、监督检查等。

2. 农村土地流转规定

农村土地流转是指农村家庭承包的土地通过合法的形式保留承包权,将经营权转让给其他农户或其他经济组织的行为。农村土地流转是农村经济发展到一定阶段的产物,通过土地流转,可以开展规模化、集约化、现代化的农业经营模式,是农业企业开办或扩大企业经营规模的前提。

农村土地流转的主要类型分为土地互换、出租、入股、合作等方式。流转土地要坚持农户自愿的原则,并经过乡级土地管理部门备案,签订流转合同。

(1)农民自主流转承包土地的,土地流转的程序如下:

A. 承租方与农户在双方自愿的基础上,协商确定土地承包经营权流转的方式、期限和具体条件。

B. 农户向村委会提出流转要求,经村委会备案后报乡镇人民政府农村土地承包管理部门(农经站)。

C. 乡镇人民政府农村土地承包管理部门(农经站)在对承租人的实力和资信情况进行审查的基础上,指导流转双方按协商一致的原则签订流转合同,使用统一格式的农村土地流转合同文本。如发现流转双方有违反法律法规的约定,要及时

予以纠正。

D. 流转合同一式四份，流转双方各执一份，发包方和乡镇人民政府农村土地承包管理部门(农经站)各执一份。

E. 乡镇农村土地承包管理部门(农经站)应及时对土地流转情况进行登记，并将有关合同及文本资料进行归档保管。

F. 对流转面积在200亩以上的要报县农业主管部门备案。

(2)农村土地流转合同的内容。

A. 双方当事人的姓名、住所。

B. 流转土地的四周、坐落、面积、质量等级。

C. 流转的期限和起止日期。

D. 流转方式。

E. 流转土地的用途。

F. 双方当事人的权利和义务。

G. 流转价款及支付方式。

H. 流转合同到期后地上附着物及相关设施的处理。

I. 违约责任。

特别提醒：农村土地流转合同样本可以从乡镇人民政府农村土地承包管理部门(农经站)获得。

二、企业法律责任

1. 登记或核准

对于农业企业，根据中华人民共和国法律规定，须经工商行政管理部门登记或主管部门核准，取得相应资格后才能进行经营活动。

例如，通过土地流转形式获得土地进行农业种植的，须经农村土地承包管理部门备案登记后，才能从事种植经营农资，农机经营须经当地工商行政管理部门核准登记，获得营业执照，才能从事经营活动。

2. 劳动合同

为了留住优秀人才，增加企业的市场竞争力，创业者应通过签订劳动合同来明确企业与员工双方的权利和义务。劳动合同法规定：用人单位必须与劳动者签订劳动合同。

劳动合同的基本内容包括劳动合同期限；工作内容和要求；工作时间和休息、

休假；劳动报酬；保险福利；劳动保护和劳动条件；劳动合同的解除、终止及经济补偿；劳动争议处理等。

三、国家对作物生产行业的扶持政策

（一）农业生产补贴政策

1. 种粮直补政策

2015年，中央财政继续实行种粮农民直接补贴，安排补贴资金140.5亿元，资金原则上要求发放给从事粮食生产的农民，具体由各省级人民政府根据实际情况确定。

2. 农资综合补贴政策

2015年，中央财政继续实行种粮农民农资综合补贴，补贴资金按照动态调整制度，根据化肥、柴油等农资价格变动，遵循“价补统筹、动态调整、只增不减”的原则及时安排和增加补贴资金，合理弥补种粮农民增加的农业生产资料成本。2014年10月份，中央财政已向各省（区、市）预拨2015年农资综合补贴资金1 071亿元。

3. 良种补贴政策

2015年，中央财政安排农作物良种补贴资金203.5亿元，对水稻，小麦，玉米，棉花，东北和内蒙古的大豆，长江流域10个省（市）和河南信阳、陕西汉中和安康地区的冬油菜，藏区青稞实行全覆盖，并对马铃薯和花生在主产区开展补贴试点。小麦、玉米、大豆、油菜、青稞每亩补贴10元。其中，新疆地区的小麦良种每亩补贴15元；水稻、棉花每亩补贴15元；马铃薯一、二级种薯每亩补贴100元；花生良种繁育每亩补贴50元、大田生产每亩补贴10元。水稻、玉米、油菜补贴采取现金直接补贴方式，小麦、大豆、棉花可采取现金直接补贴或差价购种补贴方式，具体由各省（区、市）按照简单便民的原则自行确定。

4. 其他相关政策参考农业部产业政策与法规司公布系列惠农政策

（二）种植企业税收优惠政策

1. 国家税务总局关于贯彻落实从事农、林、牧、渔业项目企业所得税优惠政策有关事项的通知（国税函[2008]850号）

(1)《中华人民共和国企业所得税法实施条例》第八十六条规定的农、林、牧、渔业项目企业所得税优惠政策，各地应认真贯彻执行。对属已明确的免税项目，如有征税的，要及时退还税款。

(2)各地可暂按国家税务总局关于印发《税收减免管理办法(试行)》的通知(国税发[2005]129号)规定的程序，办理《中华人民共和国企业所得税法》及其实施条例规定的从事农、林、牧、渔业项目的企业所得税优惠政策。

(3)各级国税局、地税局要密切配合，确保从事农、林、牧、渔业项目的企业所得税优惠政策执行口径一致，各地对执行中发现的新情况和新问题要及时向税务总局(所得税司)反映，确保政策落实到位。

2. 服务"三农"的税收优惠政策

2006年，国家全面取消了农业税。对农产品、饲料、化肥等实行13%的增值税低税率，对从事农业生产资料生产、批发、零售的企业暂免征增值税。对农业生产者销售自产农产品免征增值税。对个人或个体户从事种植业、养殖业、饲养业、捕捞业所得暂不征收个人所得税。对一些涉农项目，如农业机耕、排灌、病虫害防治等免征营业税。对国有粮食购销储运企业经营的政策性粮食免征增值税。企业从事税法规定的农作物、中药材和林木种植、农作物新品种选育、牲畜和家禽饲养、林产品采集、远洋捕捞以及农、林、牧、渔服务业项目的所得，免征企业所得税。企业从事税法规定饮料作物和香料作物种植、海水和内陆养殖项目的所得，减半征收企业所得税。支持农村信用社改革，对改革试点地区的农村信用社按3%税率减征营业税，同时减免企业所得税。

3.《财政部、国家税务总局关于农民专业合作社有关税收政策的通知》[财税[2008]81号](摘要)

(1)对农民专业合作社销售本社成员生产的农业产品，视同农业生产者销售自产农业产品免征增值税。

(2)增值税一般纳税人从农民专业合作社购进的免税农业产品，可按13%的扣除率计算抵扣增值税进项税额。

(3)对农民专业合作社向本社成员销售的农膜、种子、种苗、化肥、农机，免征增值税。

(4)对农民专业合作社与本社成员签订的农业产品和农业生产资料购销合同，免征印花税。

4. 财政部税务总局[财税[2004]30号]等有关规定

对个人独资企业和合伙企业从事种植业、养殖业、饲养业和捕捞业(以下简称"四业")，其投资者取得的"四业"所得暂不征收个人所得税。

（三）土地流转支持政策

1. 农村土地流转有关补贴政策

(1)对取得工商部门营业执照，具有示范带动作用、运作规范(有章程、股权证书、实行“保底分红”)的土地股份合作社优先扶持。

(2)符合土地承包政策法律、土地流转操作规范、流转合同手续完备。

(3)当地政府重视土地流转工作，能够安排土地流转扶持资金，用于对土地流转农户的奖励。

2. 农村土地二轮延包有关政策

(1)关于确权确地的基本依据问题。确权确地应以村为单位进行，也可以村民小组为单位进行。二轮延包工作比较规范的，以户口和二轮延包耕地面积作为依据，没有开展二轮延包和二轮延包工作没有完成的，以一轮承包耕地面积作为依据。一轮承包后土地调整变动频繁，原承包关系变化大的，可以税费改革时核定到户的计税面积做参考。税费改革后，有些地方作了小调整，群众没有意见的，应予以认可。

(2)关于自行委托代耕、自找对象转包农户的确权确地问题。对前些年自行委托代耕、自找对象转包，当时既无协议又未签订流转合同，现在又想要回承包地的农户，乡、村组织要做好工作，恢复原承包户的承包经营权，引导其继续流转，签订规范的流转合同。

(3)关于“特殊群体”的承包地问题。完善二轮延包，应切实保护妇女的合法权益，任何组织和个人不得剥夺、侵害妇女应当享有的土地承包经营权。对农村婚嫁妇女和入赘男子，没有落实承包地的要按国家的法律政策认真落实。对在校或待业的大中专学生、现役军人、民办教师、“两劳”人员，没有由乡、村负责供养的“五保户”和无承包经营能力户，在这次完善土地二轮延包中，应作为可承包土地的人口对待。

(4)关于人均承包地严重失衡和土地级差问题。土地承包以来，农村因婚嫁、生死、迁入迁出、自然灾害等原因，人口变化很大，造成农户间人均耕地差异悬殊，应在“增人不增地，减人不减地”的原则下，从实际出发，对个别人多地少、矛盾十分突出的特殊户，经村民会议协商，用村组的机动地、开荒地或收回的土地适当调剂平衡。土地等级维持税费改革时核定到户的计税田块的等级不变，不得重新打乱再作调整。

(5)关于种养大户、"外来户"的确权确地问题。对本集体经济组织成员中的种养大户,其本身承包的土地应确权确地,颁发权证。种养大户、"外来户"的种养面积涉及其他承包户的,如符合"依法、自愿、有偿"的土地流转原则,可维持不变,原承包户有异议的,应与原承包户协商解决。

(6)关于农业结构调整、连片开发、农业板块建设等与原承包农户的矛盾问题。各地具体实施细则不同,可咨询国、省、地方经管局或农办。

(7)关于被征、占地农户确权确地和经济补偿问题。各地具体实施细则不同,可咨询国、省、地方经管局或农办。

(8)关于开发区农户的确权确地问题。各地对经批准的开发区、规划区内未征用土地的原承包农户,要严格按照《农村土地承包法》的规定,在完善土地二轮延包中确权确地、签订合同、颁发权证,保护其土地承包经营权、收益权不受侵害。对已占地的,必须按国家有关土地征补偿政策落实原承包户的权益。

(9)关于拍卖或招标承包的机动地、"四荒地"问题。对过去拍卖或招标承包的机动地、"四荒地",在这次完善土地二轮延包工作中,不规范的要进行规范,通过民主协商,调解矛盾,稳定现有的承包关系,签订规范的承包合同。

(10)关于村组"化债地"问题。对一些地方在化解村组债务中,有的村组用农户的弃田以一定期限的经营权抵偿债务,现在原承包户要求收回承包地的,应该还权于原承包户。债务问题由债权债务双方协商,另行解决。

(11)关于"两田制"的清理整顿问题。各地具体实施细则不同,可咨询国、省、地方经管局或农办。

(12)关于统一权证、合同和延包期限问题。完善土地二轮延包补、换的土地承包经营权证,由相关部门统一制定"权证"样本,县(市、区)人民政府组织印制和颁发,不得向农民收取费用。承包、流转合同由相关部门统一监制。土地二轮延包截止期限统一为2028年。

四、农业保险

农业保险(简称"农险")是专为农业生产者在从事种植业、林业、畜牧业和渔业生产过程中,对遭受自然灾害、意外事故疫病、疾病等保险事故所造成的经济损失提供保障的一种保险。

由于作物生产受市场波动、自然灾害、技术缺乏等影响大,并且这些风险难以控制。可以说是目前所有企业中经营风险最大的行业之一,因此选择参加农业保险，从而降低经营风险，是非常必要的。

在中国，农业保险又是解决“三农”问题的重要组成部分。2007年国家财政拨出10亿元专项补贴资金，通过地方财政资金的配套，对6省区5大类粮食作物保险予以补贴，积极为农业安全生产提供保障。2008年，国家稳步扩大政策性农业保险试点范围，加大了对粮食、油料、生猪、奶牛生产的各项政策扶持，支持发展主要粮食作物政策性保险。

中国开办的农业保险主要险种有：农产品保险，生猪保险，牲畜保险，奶牛保险，耕牛保险，山羊保险，养鱼保险，养鹿、养鸭、养鸡等保险，对虾、蚌珍珠等保险，家禽综合保险，水稻、油菜、蔬菜保险，稻麦场、森林火灾保险，烤烟种植、西瓜雹灾、香梨收获、小麦冻害、棉花种植、棉田地膜覆盖雹灾等保险，苹果、鸭梨、烤烟保险等。

农业保险一般可分为种植业保险和养殖业保险两大类。这里重点介绍种植业保险。

1. 农作物保险

农作物保险以稻、麦等粮食作物和棉花、烟叶等经济作物为对象，以各种作物在生长期间因自然灾害或意外事故使收获量价值或生产费用遭受损失为承保责任的保险。在作物生长期间，其收获量有相当部分是取决于土壤环境和自然条件、作物对自然灾害的抗御能力、生产者的培育管理。因此，在以收获量价值作为保险标的时，应留给被保险人自保一定成数，促使其精耕细作和加强作物管理。如果以生产成本为保险标的，则按照作物在不同时期、处于不同生长阶段投入的生产费用，采取定额承保。

2. 收获期农作物保险

收获期农作物保险以粮食作物或经济作物收割后的初级农产品价值为承保对象，是作物处于晾晒、脱粒、烘烤等初级加工阶段时的一种短期保险。

3. 森林保险

森林保险是以天然林场和人工林场为承保对象，以林木生长期间因自然灾害和意外事故、病虫害造成的林木价值或以营林生产费用损失为承保责任的保险。

4. 经济林、园林苗圃保险

这种险种承保的对象是生长中的各种经济林种。包括这些林种提供具有经济价值的果实、根叶、汁水、树皮等产品、以及可供观赏、美化环境的商品性名贵树木、树苗。保险公司对这些树苗、林种及其产品由于自然灾害或病虫害所造成的损失进行补偿。此类保险有柑橘、苹果、山楂、板栗、橡胶树、茶树、核桃、枣树等。

特别提醒:具体的险种和报价你可以从当地经营农业保险的保险公司获得。

【郑军的创业故事(十四)——办理农业保险】

郑军咨询了当地的土地管理局、人力保障部等有关部门,进一步了解了创办作物生产企业的法律和法规。并与一家保险公司取得联系,详细了解了柑橘种植的保费补贴政策、投保单上的重要提示和保险条款,特别是保险责任、责任免除、被保险人义务等。并把这些记录到下表中(表 1-6-3)。

表 1-6-3　与新办农业企业相关的法律、责任和农业保险一览表

企业登记名称	需要到工商管理部门申请营业执照
相关的法律法规	《中华人民共和国社会保险法》《劳动合同法》
企业需要的保险	农业保险 3 万元/年
企业的其他责任	

练一练

请结合自己创办的作物生产创业企业,考虑要了解哪些法律知识,承担哪些法律责任?是否需要为你的企业投保,投保哪些保险?请记录在表练 1-6-1 中。

表练 1-6-1　与新办农业企业相关的法律、责任和农业保险一览表

企业登记名称	
相关的法律法规	
企业需要的保险	
企业的其他责任	

任务三　申办企业的流程

申办企业的流程如下(图 1-6-1):

当然,作物生产企业在创办初期规模小,不一定需要办理上述所有程序。

特别提醒:从国家工商总局获悉,2017 年 10 月 1 日,“多证合一、一照一码”制度已在全国全面推行。改革后,“一照一码”营业执照将成为企业唯一“身份证”。统一社会信用代码将成为企业唯一身份代码,企业将实现“一照一码走天下”。

创业者不用来回奔波办理营业执照、组织机构代码证、税务登记证、社会保险

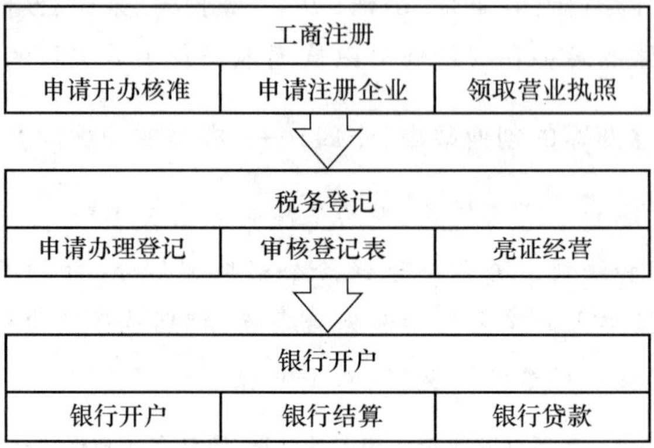

图 1-6-1　申办企业流程图

登记证和统计登记证，只需填写一份表格，向工商部门提交一套材料，就能拿到加载统一社会信用代码的营业执照。工商部门在核发营业执照后，会通过“互联网+”方式将企业基本登记信息直接共享给相关部门。企业登记时间从一个月缩短到 3～5 天。

一、工商注册

投资者选定企业类型及拟定企业的注册资金、住所（经营场所）后，即可向工商部门申请办理名称预先核准登记。

（一）申请开办核准

1. 企业名称的构成

企业名称一般由以下 4 部分依次组成：行政区划（指企业所在地省或者县的名称）+字号（或者商号，用以区别其他企业）+行业或经营特点（用以标明企业的主要营业范围）+组织形式（如经营部、中心、公司等，用以区别企业类型，除依《公司法》设立的公司外，其他企业一般不得称为公司）。

2. 企业名称的一般性规定

（1）企业名称应当使用符合国家规范的汉字，不得使用汉语拼音字母、阿拉伯数字。

（2）在企业名称中使用“国际”字样的，“国际”不能作为字号或经营特点，只能作为行业的限定语，并符合行业用语习惯，如国际贸易、国际货运代理等。

(3)企业只准使用一个名称,在登记主管机关辖区内不得与已登记注册的同行业企业名称相同或者近似。

(4)企业可以选择字号。字号应当由2个以上的字组成。企业有正当理由可以使用本地或者异地地名作字号,但不得使用县以上行政区划名称作字号。私营企业可以使用投资人姓名作字号。

(5)企业应当根据其主营业务,依照国家行业分类标准划分的类别,在企业名称中标明所属行业或者经营特点。企业名称中行业用语表述的内容应当与企业经营范围一致。

(6)除全国性公司、国务院或其授权的机关批准的大型进出口企业、国务院或其授权的机关批准的大型企业集团、国家工商行政管理总局规定的其他企业可以申请在企业名称中使用“中国”“中华”或者冠以“国际”字词外,其他企业等经济组织不得使用。

(7)农民专业合作社名称依次由行政区划、字号、行业、组织形式组成。名称中的行政区划是指农民专业合作社住所所在地的县级以上(包括市辖区)行政区划名称。名称中的字号应当由2个以上的汉字组成,可以使用农民专业合作社成员的姓名作字号,不得使用县级以上行政区划名称作字号。名称中的行业用语应当反映农民专业合作社的业务范围或者经营特点。名称中的组织形式应当标明“专业合作社”字样。名称中不得含有“协会”“促进会”“联合会”等具有社会团体性质的字样。

3. 企业名称的禁止性规定

有损于国家、社会公共利益的;可能对公众造成欺骗或者误解的;外国国家(地区)名称、国际组织名称;政党名称、党政军机关名称、群众组织名称、社会群体名称及部队番号;汉语拼音字母(外文名称中使用的除外)、数字;其他法律、行政法规规定禁止的。

拓展案例

取名不规范注册受阻

个体户小王常年经营农产品,今年想把生意做大做强,于是说服同行业的个体户40多家,想成立一个以批发各类农产品为主的有限责任公司,注册资金30万元。因为考虑都是同行,大家相互信任,对于注册资本,各股东都口头承诺认缴,并没有实际交付。为提高知名度，新公司想取名“中华农产品种批发公司”。在申请公司成立的过程中，工商部门指出其存在的问题，不予办理。

本案例至少有2处明显错误，一是没有足额认缴资本，二是取名时违规使用了“中华”这样的字词。

（二）申请注册登记

1. 领取相关通知书和申请书

领取《企业名称预先核准通知书》，同时领取《开业登记申请书》，经营范围涉及前置审批的办理相关审批手续。

(1)经营者持身份证件、身份核证文件到经营所在地的工商行政管理部门领取《开业登记申请书》。

开业登记的主要项目：①字号名称，指经县级工商局核准的名称。②经营者姓名，指依法经核准登记的申请人姓名。③经营者住所，指经营者身份证件上载明的详细住址。④从业人数，指参加经营活动的所有人员，包括经营者、参加经营活动的家庭成员、帮手和学徒。⑤资金数额，指申请开业时的注册资金。⑥经营范围。⑦经营场所。

(2)经营者持填好的《开业登记申请书》、身份证件和其他有关材料向经营所在地工商局申请登记。

2. 递交申请材料

材料齐全、符合法定形式的，等候领取《准予行政许可决定书》。

3. 不同企业法律形态工商登记时应提交的材料

(1)个人独资企业登记。

个人独资企业名称预先核准应提交的材料：企业（公司）名称预先核准申请书；投资人的身份证明；投资人身份证复印件；申请企业登记授权委托书。

个人独资企业开业登记应提交的材料：企业名称预先核准通知书；投资人签署的个人独资企业设立申请书；投资人身份证明；申请企业登记授权委托书；企业住所证明；涉及前置审批的行业许可证或批准文件；其他有关文件、证件。

(2)合伙企业登记。

合伙企业名称预先核准应提交的材料：企业（公司）名称预先核准申请书；投资人的身份证明；自然人提供身份证复印件；申请企业登记授权委托书。

合伙企业开业登记应提交的材料：申请企业登记授权委托书；全体合伙人的身

份证明；全体合伙人委托执行合伙企业事务的合伙人的委托书；合伙协议；出资权属证明；经营场所证明；涉及前置审批的许可证或批准文件；其他有关文件、证件。

（3）有限责任公司登记。

有限责任公司名称预先核准应提交的材料：有限责任公司全体股东签署的公司名称预先核准申请书；股东或发起人的法人资格证明或自然人身份证明；公司登记机关要求提交的其他文件。

有限责任公司开业登记应提交：公司董事长签署的公司设立登记申请书；全体股东指定代表或者共同委托代理人的证明；法律、行政法规规定设立有限责任公司必须报经审批的，还应提交有关的批准文件；公司章程；具有法定资格的验资机构出具的验资证明；股东的法人资格证明或者自然人身份证明；载明公司董事、监事、经理的姓名、住所、履历的文件；公司董事、监事、经理委派、选举或者聘用的证明；公司法定代表人的任职文件或身份证明；企业名称预先核准通知书；公司住所使用证明；经营范围中有法律、行政法规规定的必须经审批的项目，应提交有关的批准文件；其他有关文件、证件。

（4）农民专业合作社登记。

申请设立农民专业合作社，应当由全体设立人指定的代表或者委托的代理人向登记机关提交下列文件：

设立登记申请书；全体设立人签名、盖章的设立大会纪要；全体设立人签名、盖章的章程；法定代表人、理事的任职文件和身份证明；载明成员的姓名或者名称、出资方式、出资额以及成员出资总额，并经全体出资成员签名、盖章予以确认的出资清单；载明成员的姓名或者名称、身份号码或者登记证书号码和住所的成员名册，以及成员身份证明；能够证明农民专业合作社对其住所享有使用权的住所使用证明；全体设立人指定代表或者委托代理人的证明。

农民专业合作社的业务范围有属于法律、行政法规或者国务院规定在登记前须经批准的项目的，应当提交有关批准文件。

（三）领取营业执照

1. 领取营业执照

登记申请核准后，即可领取营业执照。领取营业执照应当由企业的法定代表人（负责人）或者授权的代表领取。

2. 刻制公章

投资者在领取营业执照后，便可以到有资质的公章刻制机构刻制企业公章、财务专用章及合同专用章等；或者在取得名称预先核准通知书后，先到公章刻制机构办理有关手续，在领取营业执照后凭营业执照领取有关印章。

3. 办理相关许可，合法经营

投资者在领取营业执照后，应及时办理税务登记等相关许可。对于需要办理资质、资格或有关部门许可后方可开展的经营活动的（包括但不限于建筑资质、房地产开发资质、工业产品生产许可证、环境影响评价审批、消防安全验收等），还需到相关部门办理相应的审批许可。

二、税务登记

依法纳税是每个公民应尽的义务。作物生产企业是免税的，作物生产经营服务企业的税率也较低。为保证生产经营活动顺利开展，生产经营者应在领取营业执照之日起30日内到税务机关进行税务登记，领取税务发票。

1. 税务登记的内容及需要提交的资料

（1）税务登记的内容主要包括：工商户的名称、地址、经济性质、主管部门、生产经营范围、经营方式、资金状况、工商行政管理部门的工商登记证照号码、开户银行及账号等。

（2）申报税务登记应提交的资料：营业执照；有关合同、章程、协议书，银行账号证明；居民身份证、护照或其他合法证件；税务机关要求提供的其他合法证件和资料。

2. 税务登记的程序

（1）申请办理税务登记。由纳税人即生产经营者主动向所在地税务机关提出申请报告，并出示工商行政管理部门核发的工商营业执照和有关证件，领取统一印制的税务登记表，如实填写有关内容，加盖印章后作为登记申报，报送主管税务机关。

（2）审核税务登记表。税务机关对纳税人的申请报告、税务登记表、工商营业执照及有关证件审核后，即可准予登记，并发给纳税人税务登记证。

3. 纳税申报

纳税申报是纳税人为了正确地履行纳税义务，扣缴义务人为了正确的代扣代缴、代收代缴义务，将发生的纳税事项或者代扣代缴、代收代缴事项向税务机关提出书面申报的一项法定手续。领到营业执照开始生产经营活动后，在一定期限内就应该向税务机关申报。

三、银行开户

1. 开户与结算（图 1-6-2）

在日常生产经营活动中，要经常与银行进行结算，达到账账相符和账款相符，以利于更好地生产经营。如出售商品后收取买方货款，购买原料需要支付卖方价款等。这些活动在金融行业中称为结算。结算有两种，一种是现金结算；另一种是非现金结算，也叫转账结算或票据结算。由于成交金额大，支付大量现金既不方便又不安全，因此，企业往往委托银行把货款从买方账户转到卖方账户，完成付款或收款行为。

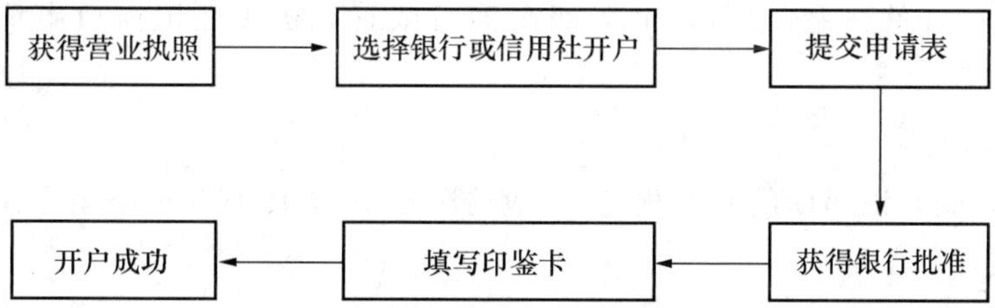

图 1-6-2　银行开户流程图

2. 贷款

创业者在生产经营过程中可能出现资金短缺的情况，需要向银行申请贷款（图 1-6-3）。贷款一般有抵押贷款、担保贷款和信用贷款 3 种。

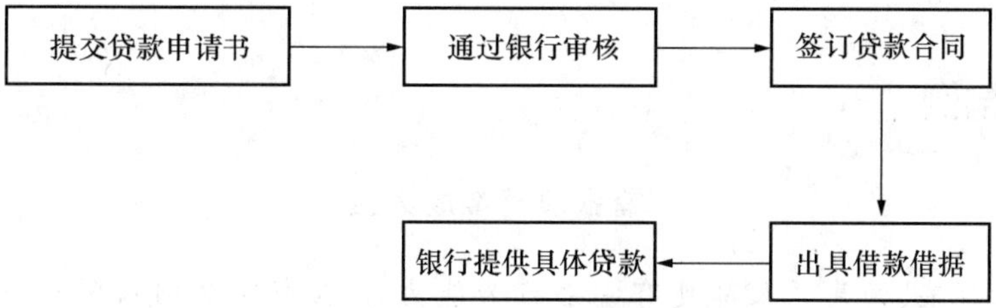

图 1-6-3　银行贷款流程图

银行贷款合同内容包括借款用途、付款日期、还款期限、贷款利率、违约责任及借贷双方的权利和义务，有必要或有条件的要经公证机关公证。

银行提供贷款主要用于生产经营过程中所需的流动资金，而不准挪作他用。借款人未经银行同意擅自改变贷款用途，或把贷款用于垫缴税款或管理费，或转借给他人的，均为挪用。

四、申请开业

在完成上述步骤后，投资者便可持有关材料向工商部门申请开业，设立登记。

1. 登记管辖

一般情况下，投资者持开业、设立登记材料向住所、经营场所所在地的县(区)级工商行政管理机关提交登记申请。

2. 登记表式和文件

可以登录工商电子政务网下载有关登记表格和文件，获取各类登记申请应当提交的文件、证件目录；也可以向各级工商行政管理机关登记窗口申请领取有关材料。

3. 登记期限

根据企业登记程序的有关规定，一般情况在10天内对登记申请做出决定并核发有关证照。

4. 收费标准

领取《企业法人营业执照》的，设立登记费按注册资本总额的0.8‰缴纳；注册资本超过1 000万元的，超过部分按0.4‰缴纳；注册资本超过1亿元的，超过部分不再缴纳。设立登记收费最低款额为50元；领取《营业执照》的，设立登记费为300元。欲申请营业执照副本的，另收取副本工本费10元/本。农民专业合作社免收各类工本费。

拓展案例

铺张浪费难成大业

周某、蒋某、杨某3人都具有完全行为能力，3人商定共同投资成立一个有限责任公司，3人签订了一份协议，明确了权利义务关系。在公司设立初期，杨某去外地出差，周某、蒋某2人趁机拿3人共同出资的设立费吃喝玩乐，购买与公司无关的奢侈品，花费近2万元。按拟定的公司章程规定，周、蒋2人以货币形式每人出资10万元，杨某以其所有的专利技术出资。后来2人的上述行为被杨某知晓，杨某一怒之下选择退出。

本案例说明创办企业之初出资人不能同心同德，缺乏财务制度，管理不规范，作为投资人杨某的退出既是一种无奈的选择，更是一种明智的选择。

【郑军的创业故事(十五)——申办流程】

郑军了解了创办企业的相关内容后，认为有限责任公司注册资金比其他企业要求低，比较适合他。他开始着手申办自己的有限责任公司。他到当地工商管理部门、税务部门和银行咨询，熟悉了注册公司、申请开户的过程，按照下面的流程进行申报。

在办理公司之前，他定好公司的名称、经营范围、注册资金，然后到当地的工商局领取并填写《企业名称预先核准申请书》，然后提交工商局办理。企业名称核准后，他收到了工商局给他的一份有限责任公司登记提交材料规范，办理核准手续，随后到银行开立验资账户，区会计师事务所办理验资证明。(也有些地方不用验资，省去这一步)。到工商局提出公司的设立申请，并领取营业执照正本。然后，他准备了公司的公章、财务专用章等一些必需的印鉴，办好代码证(有的地方工商营业执照、税务登记证和组织机构代码证三证合一，只向工商部门提交材料即可)。去税务局办理了税务登记手续。这样，郑军的沃柑种植有限责任公司成立了。

练一练

去当地的工商、税务部门和银行咨询，熟悉注册企业(公司)、申请开户的过程。

步骤七

经济效益分析

知识目标

1. 掌握农产品或服务成本核算方法。
2. 掌握制订作物生产企业财务计划。

技能目标

1. 能为你的农产品或服务核算成本。
2. 学会制订作物生产企业财务计划。

在创业之初，作物生产企业一般不会马上赢利。销售产品获取的收入需要一定的时间才能显现出来。此时你的企业投入是巨大的，而且是十分脆弱的，你必须密切关注企业的财务状况。本项目将带领你学习如何核算作物生产企业的投入成本，怎样进行销售预测，如何制定利润和现金流量计划。

任务一　产品或服务成本核算分析

每个企业都存在成本，作物生产企业的成本就是你的企业用于生产和销售产品或提供服务的所有支出。成本核算是你计算企业生产或销售一件产品，或提供一项服务成本的方法。成本核算对你的作物生产企业成功创办意义重大，制定销售价格、降低和控制成本、做出更好的企业决策，为今后做好计划。

一、成本类型

作物生产企业成本包括直接成本和间接成本 2 种类型：

（一）直接成本

直接成本是所有与你的企业生产或销售的产品或服务有直接关系的成本。直接成本必须容易计算，同时必须大到足以使总直接材料成本有显著增加。

直接成本包含直接材料成本和直接人工成本 2 种。

1. 直接材料成本

直接材料成本是企业在生产产品或提供服务时所需材料的所有支出。如作物生产行业的化肥、种子、农药等；对于农资、农机经营等与作物生产相关的贸易企业而言，就是买进商品进行转售的成本。

2. 直接人工成本

直接人工成本是企业为那些直接从事产品或服务生产的员工所支付的工资等费用。对于农资、农机经营等贸易类的企业而言，没有直接从事生产的员工，因而没有直接人工成本。工资等费用都是间接成本。

（二）间接成本

间接成本是为了经营企业而支出的所有其他成本。如银行利息、电费、房租、土地使用费等。

你需要了解各种不同类型的成本，才能计算出你的企业生产或销售的任意一件产品或服务的总成本。

总成本＝直接成本＋间接成本

二、作物生产企业的主要成本项目和计算方法

（一）作物生产成本核算（表 1-7-1）

表 1-7-1　作物生产行业成本项目表

类型	项目
直接成本	种子、种苗、肥料、农药、地膜、水、电、生产过程中机械作业所发生的费用、生产人员工资等。
间接成本	土地租金、管理人员工资、折旧费、燃料费、广告费、电话费、招待费、保险费、办公费、银行收费等。

某种种植作物主产品单位产量(千克)成本=(生产该种作物总成本-副产品价值)÷该种作物主产品总产量

注:多次收获的多年生作物,未提供产品前累计发生的费用,按规定比例摊入投产后各期的产品成本。

(二)折旧

折旧是由于固定资产不断贬值而产生的一种特殊成本,如设备、工具和车辆等。它虽然不是企业的现金支出,但仍然是一种成本。

由于折旧是针对固定资产而言的,因此你只需要计算固定资产的折旧价值。在大多数小企业里能够折旧的物品为数不多(表1-7-2)。

表1-7-2 中国税法中规定的适用于大多数小企业的折旧率一览表

固定资产类型	工具和设备	机动车辆	办公家具	店铺	工厂建筑	土地
每年折旧率	20%	10%	20%	5%	20%	无

年折旧费用=设备的采购成本÷使用年限

月折旧费用=年折旧费用÷12

每种固定资产的折旧费相加就是所有固定资产的总折旧。

特别提醒:《中华人民共和国税法》中,对固定资产使用年限有明确的确定。

为了解释作物生产行业的成本核算,以沃柑种植企业为例,在为你的产品进行成本核算时,要根据作物生产企业的具体类型选择成本核算方法。

第一步,计算直接成本。

(1)在产品总直接成本表中,沃柑种植企业写下生产该产品的所有直接成本项目。如化肥、农药和生产人员工资。

(2)各项直接成本费用

以郑军的沃柑种植企业为例,介绍直接成本计算方法。

【郑军的创业故事(十六)——总直接成本】

郑军通过市场调研,在每项对应栏中写下了直接成本的生产费用(表1-7-3)。

表 1-7-3　产品(沃柑)总直接成本表

项目	费用[元/(亩·年)]	费用[元/(100 亩·年)]
化肥	2 800	280 000
生产人员工资	1 200	120 000
农药	200	20 000
合计	4 200	420 000

第二步，计算间接成本。

你可以借助间接成本表来计算企业的间接成本。下表可以告诉你沃柑种植企业发生的间接成本信息。

【郑军的创业故事(十七)——间接成本】

郑军通过认真计算，在每项对应栏中写下了间接成本的生产费用(表 1-7-4)。

表 1-7-4　种植企业间接成本表

<table>
<tr><th>项目</th><th>费用/元</th><th>说明</th></tr>
<tr><td>土地流转租金(年)</td><td>80 000[800 元/(亩·年)，每年 100 亩的费用]</td><td rowspan="12">基地建设、购置车辆、种子等价值比较高，使用期限较长的固定资产要以折旧计算成本。</td></tr>
<tr><td>机械租金(年)</td><td>20 000</td></tr>
<tr><td>水电费(年)</td><td>2 000</td></tr>
<tr><td>营销费用(年)</td><td>10 000</td></tr>
<tr><td>电话费(年)</td><td>5 000</td></tr>
<tr><td>运输费(年)</td><td>10 000</td></tr>
<tr><td>管理人员工资(年)</td><td>35 000</td></tr>
<tr><td>折旧费(年)</td><td>30 000</td></tr>
<tr><td>分摊费用(年)</td><td>8 000</td></tr>
<tr><td>农业保险(年)</td><td>30 000</td></tr>
<tr><td>其他费用(年)</td><td>30 000</td></tr>
<tr><td>合计</td><td>252 000</td></tr>
</table>

(1)在间接成本表的左栏，郑军记录了如土地租金、水电费用等所需要的间接成本项目。

(2)在间接成本表的中间栏，郑军记录了预测的各项间接成本的需求费用。

(3)在间接成本表的右栏，郑军记录了企业固定资产的折旧计算。

【郑军的创业故事(十八)——预测折旧费】

郑军通过咨询当地税务机关和专业人士,了解了我国税法对企业拥有的固定资产折旧年限的相关规定,他开始对沃柑种植企业的各种固定资产进行折旧计算。基地建设费用预测为200 000元,使用期限为20年左右。

因此,每年的折旧费是:

200 000元/20年=10 000元/年

(每月的折旧费为10 000元/12个月=833.3元/月)

购置车辆费用100 000元,使用期限为10年。每年的折旧费是:

100 000元/10年=10 000元/年

(每月的折旧费为10 000元/12个月=833.3元/月)

沃柑苗价值比较高,使用时间较长,所以把沃柑苗当作固定资产进行计算。

沃柑苗的每亩所需的费用:100株×20元/株=2 000元,种植100亩需要的沃柑苗总费用为200 000元,可用期限为20年。

100亩沃柑苗每年的折旧费是:

200 000元/20年=10 000元/年

(每月的折旧费为10 000元/12个月=833.3元/月)

所有固定资产年折旧费是:

10 000+10 000+10 000=30 000(元/年)

第三步,合计总成本。

【郑军的创业故事(十九)——计算总成本】

郑军通过前两步的企业成本核算,得到了计算投资沃柑总成本所需的数据,他把获得的数据相加后,得出了每年100亩沃柑种植的总成本:

直接成本+间接成本=总成本

(即420 000+252 000=672 000元)

第四步,用总成本除以产品总量。

【郑军的创业故事(二十)——计算单位成本】

为了计算1千克沃柑的成本,郑军估算出每年100亩沃柑苗生产的总产量。由于前2年为幼树期,一般不计算产量,从第3年开始,沃柑500~800千克/亩,以后每年 3 000～6 000 千克/亩。按照每年平均产量 4 500 千克/亩计算。每年 100 亩沃柑的总产量为 450 000 千克。用每年生产 100 亩沃柑的总成本除以每年 100 亩获得的沃柑的总产量,得出沃柑的单位(千克)成本:

生产该种作物总成本/生产作物主产品总产量＝672 000 元/450 000 千克＝1.49 元/千克

在总成本的基础上,用总成本乘以一个利润百分比,得出的就是每千克(或件)产品的不含税销售价格。

在不含税销售价格的基础上,再加上不含税销售价乘以增值税税率,得出的就是每千克(或件)产品的含税销售价格。

郑军综合考虑了市场需求量、竞争对手产品价格后,决定把沃柑的价格定为 12 元/千克。

练一练

请为你的种植企业或服务企业核算成本。

任务二 制订作物生产企业财务计划

在创办作物生产企业之前,要做出利润和现金流量计划。在创业之后,要随时密切监控企业的销售收入和成本支出状况以及现金流量状况,以确保一切都按计划进行。如果出现问题,应该立即采取措施加以解决。

一、销售收入预测

在计划创办企业时,知道一定量的销售能带来多少收入,叫作销售收入预测。为了预测销售收入,请采取以下步骤:

(1)列出你的企业推出的所有产品或产品系列,或所有服务项目。

(2)预测第一年里每个月预期销售的每项产品的数量,它来自你所做的市场调查。

(3)为你计划销售的每项产品制定价格。

(4)用销售价格乘以月销售量来计算每项产品的月销售额。

(5)根据销售量预测与成本核算方法,对企业销售收入进行预测,并将结果记录在预测表中。

【郑军的创业故事(二十一)——财务计划分析】

下面是郑军为自己的沃柑种植进行的财务计划分析(表1-7-5)。

表1-7-5　种植企业销售预测表　　单位:100亩/年

项目	月份											
	1	2	3	4	5	6	7	8	9	10	11	12
销售数量(万千克)	7.5	15	15	7.5	0	0	0	0	0	0	0	0
平均单价(元/千克)	12	12	12	12								
含税销售收入(万元)	90	180	180	90								

预测销售和销售收入是准备创业计划中最重要和最困难的部分。大多数创业者都会高估自己的销售,因此,在你在预测销售时不要太乐观,务必要切合实际。

练一练

请在下表中为你的作物生产企业预测销售收入(表练1-7-1)。

表练1-7-1　种植企业销售预测表

项目		月份											
		1	2	3	4	5	6	7	8	9	10	11	12
1	销售数量(万千克)												
	平均单价(元/千克)												
	月销售额(万元)												
2	销售数量(万千克)												
	平均单价(元/千克)												
	月销售额(万元)												
3	销售数量(万千克)												
	平均单价(元/千克)												
	月销售额(万元)												
4	销售数量(万千克)												
	平均单价(元/千克)												
	月销售额(万元)												
合计	销售总量												
	销售总收入												

注:可根据实际情况,附加项目。

二、制订销售和成本计划

作为创业者，仅仅知道企业的销售收入是不够的，为了掌握企业的实际运转情况，你必须计算出企业是不是有利润。只有这样你才能准确地了解企业是否能挣钱。利润来自销售收入减去企业经营成本。

销售和成本计划让你既看到销售也看到成本，并知道你的作物生产企业是否盈利。当你计划开办一家农业企业时，你应该预测第一年中每个月的利润。

【郑军的创业故事(二十二)——制订销售和成本计划】

下面是郑军为自己的沃柑企业制定的销售和成本计划(表 1-7-6)。

表 1-7-6 销售和成本计划表 单位:100 亩/年

项目	月份												
	1	2	3	4	5	6	7	8	9	10	11	12	总计
含税销售收入(万元)	90	180	180	90	0	0	0	0	0	0	0	0	540
流转税													
销售额(万元)	90	180	180	90	0	0	0	0	0	0	0	0	540
直接材料成本(万元)	2.5	2.5	2.5	2.5	2.5	2.5	2.5	2.5	2.5	2.5	2.5	2.5	30
直接人工成本(万元)	1	1	1	1	1	1	1	1	1	1	1	1	12
毛利(万元)	86.5	176.5	176.5	86.5	−3.5	−3.5	−3.5	−3.5	−3.5	−3.5	−3.5	−3.5	498
间接成本(万元)	2.1	2.1	2.1	2.1	2.1	2.1	2.1	2.1	2.1	2.1	2.1	2.1	25.2
纯利(万元)	84.4	174.4	174.4	84.4	−5.6	−5.6	−5.6	−5.6	−5.6	−5.6	−5.6	−5.6	472.8

郑军发现每年的 5—12 月份共 8 个月的纯利润为负数，这意味着自己的公司在这 8 个月会出现亏损。亏损的原因是因为这几个月没有产品销售收入，还必须支付直接材料成本、直接人工成本和间接成本。

销售和成本计划让你既看到销售收入也看到成本，并让你了解你的企业是否盈利。当你计划开办一家作物生产企业时，你应该预测第一年中每个月的利润。

练一练

请在下表中为你的作物生产企业制定销售和成本计划（表练 1-7-2）。

表练 1-7-2　作物生产企业制定销售和成本计划一览表

项目	月份												
	1	2	3	4	5	6	7	8	9	10	11	12	总计
含税销售收入（万元）													
流转税													
销售额（万元）													
直接材料成本（万元）													
直接人工成本（万元）													
毛利（万元）													
间接成本（万元）													
纯利（万元）													

三、制订现金流量计划

现金就像是让企业这台发动机运转的燃料，有些创业者由于缺乏管理现金流量的能力，导致企业经营中途抛锚。现金流量计划显示每个月预计会有多少现金流入和流出企业。预测现金流量计划将帮助你的企业保持充足的动力，使你的企业在任何时候都不会面临现金短缺的威胁。

你的企业可能出现现金短缺的原因有许多，如：

你在开始销售之前就必须购买许多原材料或商品，这意味着在有现金流入之前就会有现金流出。

有些销售需要赊账，赊账通常在几个月后才能收回现金。如果你在制订市场营销计划时，已经决定了赊销政策，现在你要考虑这个因素。

你可能需要购买设备、支付土地流转租金等。设备和土地资源等会帮助企业在今后盈利，但是在获得这些利润之前，你往往必须先为这些设备和土地流转付钱。

现金流量计划表中的月底现金是下月的月初现金，月底现金等于当月流入企业的现金总量减去当月流出企业的现金总量。在现金流量表中，企业每个月的月底现金不能出现负数，当哪个月出现负数时，说明那个月企业的现金短缺，企业将无法正常运转。

【郑军的创业故事(二十三)——制订现金流量计划】

下面是郑军为他的沃柑企业做的一个年度现金流量计划(表 1-7-7)。

表 1-7-7　现金流量计划表

项目		月份											
		1	2	3	4	5	6	7	8	9	10	11	12
现金流入	月初现金状况		76	248	420	502	498	494	491	488	485	482	479
	创业者投资	100											
	银行贷款												
	现金销售收入	90	180	180	90	0	0	0	0	0	0	0	0
	赊账销售收入												
	现金流入总额	190	256	428	510	502	498	494	491	488	485	482	479
现金流出	机器、设备投资	15											
	厂房和土地投资	20											
	直接材料成本	40	5	5	5	2	2	1	1	1	1	1	1
	直接人工成本	1	1	1	1	1	1	1	1	1	1	1	1
	开办费用												
	土地租金	30											
	机械租金	4	1	1	1								
	农业保险费用	3											
	其他间接成本	1	1	1	1	1	1	1	1	1	1	1	1
	现金流出总额	114	8	8	8	4	4	3	3	3	3	3	3
月底现金		76	248	420	502	498	494	491	488	485	482	479	476

通过制订现金流量计划,会让你时刻了解自己企业的流动资金需求。现金流量计划有助于确保你的企业在任何时候都不会发生无现金经营的困境。

你的企业可以根据自身实际要求按短期、中期和长期的不同时间预测现金流。通常期限越长、预测的准确性越差。因此,选择何种期限的现金流预测方法尤其重要。短期的现金流预测比中期和长期的预测更具时效性,更能充分掌握和控制现金流的周期和流动性。

企业现金流动过程中,可能发生现金流入的时间在当月的较晚日期,而现金流出的时间又必须在当月的早期发生的情况。因此,你必须清楚地认识到,月中某些日期的现金缺口会比月末反映的现金数额更糟糕。

练一练

1. 请在下表中为你的作物生产企业做一个年度现金流量计划(表练 1-7-3)。

表练 1-7-3　现金流量计划表　　单位:万元

项目		月份												
		1	2	3	4	5	6	7	8	9	10	11	12	总计
现金流入	月期现金状况													
	业主投资													
	银行贷款													
	现金销售收入													
	赊账销售收入													
	现金流入总额													
现金流出	机器、设备投资													
	厂房和土地投资													
	直接材料成本													
	直接人工成本													
	开办费用													
	土地租金													
	机械租金													
	农业保险费用													
	其他间接成本													
	现金流出总额													
月底现金														

2. 小陈计划开办一家农药经营企业,表练 1-7-4 是他为企业的前 6 个月制定的现金流量计划。请根据下表回答以下问题:

(1)7 月份流入企业的现金总量是多少?

(2)计算每个月的月底现金总量是多少?

(3)你认为他实际需要多少钱来开办新企业?

表练 1-7-4　现金流量计划表　　单位:万元

项目		月份					
		4	5	6	7	8	9
现金流入	月初现金	20 000	15 000	15 000	15 000	15 000	20 000
	现金销售收入	3 000	4 000	5 000	5 000	6 000	3 000
	可支配现金	23 000	19 000	20 000	20 000	21 000	23 000
现金流出	运输车投资	0	0	0	10 000	0	0
	房租投资	1 000	1 000	1 000	1 000	1 000	1 000
	交通费	200	200	200	200	200	200
	材料成本	18 000	18 000	18 000	18 000	18 000	18 000
	人工成本	4 000	4 000	4 000	4 000	4 000	4 000
	水电费	300	300	300	300	300	300
	促销费	500	200	200	300	300	300
	保险费用	100	100	100	100	100	100
	其他间接成本	600	600	600	600	600	600
	现金流出总额	24 700	24 400	24 400	34 500	24 500	24 500
月底现金		—	—	—	—	—	—

步骤八

判断你的企业能否生存

知识目标

1. 了解创业计划书的编写内容。
2. 了解企业开办的流程。

技能目标

1. 学会编写创业计划书。
2. 能够判断你的企业能否开办。

在创办一个作物生产企业之前，你需要确定创业目标、完成市场调研、筹集资金、组建团队等各项准备工作，在顺利完成前面所有步骤之后，你已经通过大量的练习，掌握了充足的信息。本步骤中需要你对所有的信息进行综合分析，完成并充实你的创业计划，从而再次判断你的创业项目有多大的成功机会，决定你是否应该创办这个企业。

任务一　编好你的创业计划书

一、为什么编制创业计划书

一个酝酿中的项目，往往很模糊，通过编制创业计划书，把正反理由都书写下来，然后再逐条推敲，会使思路更加清晰。对于初次创业者，这项工作尤为重要。一份好的创业计划书既是创业者的行动大纲，又是吸引资金的"敲门砖"，它不仅可以为创业项目的发展定下比较具体的方向和重点，使员工了解经营目标，并激励他们为共同的目标而努力。更重要的是，它可以使出资者以及供应商、销售商等了解企业的经营状况和经营目标,说服出资者(原有的或新来的)为企业的进一步发展提供资金。

创业计划书是整个创业过程的灵魂。通常制订创业计划书是个辛苦、漫长、且具有创造性和重复性的工作,但这个过程可以让创业者对创业活动有一个更加清晰的认识,预见创业活动的可行性及成败,这对创业者来说,可以起到“磨刀不误砍柴工”的效果。

1. 创业计划书是创业者吸引资金的“敲门砖”

如何使创业者的创业项目获得资金支持是创业者能否顺利实现创业和创业后续发展的关键所在。一份好的创业计划书必定包含好的项目、好的技术、好的管理以及好的市场,这无疑是创业者吸引资金的“敲门砖”。

2. 创业计划书是创业者的行动大纲

理性而客观的分析创业的主要因素,能够使创业者保持清醒的头脑,企业的行动计划应该是无懈可击的。创业计划书中应该重点明确:企业是用什么方法把产品推向市场的?需要提供哪些技术服务?有无技术团队等?一份完善的创业计划书,可以成为创业者的创业指南或行动大纲。

二、掌握创业计划书的主要内容

不同阶段的创业计划书的重点会有所不同,应该根据实际情况进行调整。那么,一份完整的创业计划书应该包含哪些内容呢?

1. 计划摘要

计划摘要列在创业计划书的最前面,它是浓缩了的创业计划要点,要求简明扼要,一目了然,以便读者能在最短的时间内评审计划并做出判断。

计划摘要一般包括以下内容:企业介绍;主要产品和业务范围;市场概貌;营销策略;销售计划;生产管理计划;管理者及其组织;财务计划;资金需求状况等。

介绍企业时,首先,要说明创办企业的思路,思想的形成过程以及企业的目标和发展战略。其次,要交代企业现状、过去的背景和企业的经营范围。在这一部分中,要对企业的情况做客观的评述,中肯的分析往往更能赢得信任,从而使人容易认同企业的商业计划书。最后,还要介绍创业者自身的背景、经历、经验和特长等。企业家的素质对企业的成绩往往起关键性的作用。需要尽量突出自己的优点并表示自己强烈的进取精神,给投资者留下一个好印象。

在计划摘要中,主要回答下列问题:

(1)企业所处的行业,企业经营的性质和范围。

(2)企业主要产品的内容。

(3)企业的市场在哪里,谁是企业的顾客,他们有哪些需求。

(4)企业的合伙人、投资人是谁。

(5)企业的竞争对手是谁,竞争对手对企业的发展有何影响。

2. 企业简介

企业简介主要包括:企业名称、地址、联系方法等,企业的业务情况,主要规章制度名称,对企业未来发展的预测,本企业与众不同的竞争优势或独特性。

3. 产品或服务介绍

投资人最关心的问题之一就是企业的产品、技术或服务能否解决现实生活中的问题,或者企业的产品能否帮助顾客节约开支、增加收入,所以产品介绍是创业计划书中必不可少的一项内容。产品(服务)的介绍应包括以下内容:产品性能及特性,服务的对象、范围,主要产品或服务项目介绍,产品(服务)的市场竞争力,产品的研究和开发过程,发展新产品(服务)的计划和成本分析,产品(服务)的市场前景预测,产品的品牌和专利。

在介绍这部分时,创业者要对产品或服务做出详细的说明,而且说明要准确,通俗易懂,让非专业的投资者也能看明白。

通常产品介绍都要附上产品原型、照片或其他介绍,产品介绍必须要回答以下问题:

(1)顾客希望企业的产品能解决什么问题?顾客能从企业的产品中获得什么好处?

(2)企业的产品与竞争对手的产品有哪些优缺点?顾客为什么会选择本企业的产品?

(3)企业为自己的产品采取了哪些保护措施?企业拥有哪些专利、许可证,或与已申请专利的厂家达成了哪些协议?

(4)为什么企业的产品定价可以使企业产生足够的利润?为什么用户会大批量地购买企业的产品?

(5)企业采用何种方式去改进产品的质量、性能?企业对发展新产品有哪些计划?

4. 人员组合

有了产品或服务项目之后,创业者下一步要做的就是组建一支有战斗力的创业人员队伍。一个企业必须要具备负责产品设计与开发、市场营销、生产作业管理、财务管理等各个方面的人员。在创业计划书中，必须要对主要管理人员加以阐明，介绍他们所具有的能力、职务和责任，他们过去的详细经历及背景。此外，还应对公司结构做简要介绍，包括：公司的组织机构图；各部门的功能与责任；各部门的负责人及主要成员；公司的薪酬体系；公司的股东名单，包括认股权、比例和特权；公司的董事会成员；各位董事的背景资料。

5. 市场预测

首先，要对市场现状进行客观分析，然后对需求进行预测，包括：市场是否存在对这种产品的需求？需求程度是否可以给企业带来所期望的利益？新的市场规模有多大？需求发展的未来趋向及其状态如何？影响需求都有哪些因素？其次，要对市场竞争的情况，企业所面对的竞争格局进行分析，包括：市场中主要的竞争者有哪些？是否存在有利于本企业产品的市场空档？本企业预计的市场占有率是多少？本企业进入市场会引起竞争者怎样的反应，这些反应对企业会有什么影响？

在创业计划书中，市场预测应包括以下内容：市场现状；竞争厂商概览；目标顾客和目标市场；本企业产品的市场地位；市场细分和特征等。对市场的预测应建立在严密、科学的市场调查基础上。因此，应尽量扩大收集信息的范围，重视对环境的预测和采用科学的预测手段和方法。创业者应牢记的是，市场预测不是凭空想象出来的，对市场错误的认识是企业经营失败的最主要原因之一。

6. 营销策略

营销是企业经营中最具挑战性的环节，影响营销策略的主要因素有：①消费者的特点；②产品的特性；③企业自身的状况；④市场环境方面的因素。最终影响营销策略的是营销成本和营销效益因素。在创业计划书中，营销策略应包括以下内容：①市场机会和营销渠道的选择；②营销队伍和管理；③促销计划和广告策略；④价格决策。

对创业企业来说，由于产品和企业的知名度低，很难进入其他企业已经稳定的销售渠道中去。因此，企业不得不暂时采取高成本低效益的营销战略，如上门推销，做广告，向批发商和零售商让利，或将产品交给任何愿意经销的企业销售。对发展企业来说，一方面可以利用原来的销售渠道，另一方面也可以开发新的销售渠道以适应企业的发展。

7. 生产或服务计划

创业计划书中的生产或服务计划主要阐述生产或服务的占地面积要求；厂房

或店面要求；人员要求；技术要求；进度要求；质量要求；设备现状等问题，要有明确的时间进度安排。

8. 投资预算及利润分析

生产企业的投资预算要分项列出土地费用、建设厂房的总造价、生产设备的总投资、为创办企业应缴的各种费用、创业产品的原料价格、生产工人和管理人员的工资、生产流动资金、不可预见的支出等；服务企业的投资预算要分项列出土地费用、店面租金、服务设备投入、人员费用、流动资金等。

利润分析要根据生产或服务计划，说明投资者如何收回投资？什么时候收回投资？大约有多少回报率等情况。包括对投资额、经营成本和销售或服务收入的分析。

9. 风险预测及防范

风险通常包括技术风险、市场风险、管理风险、财务风险、政策风险、自然风险以及其他不可预见的风险。要提出规避风险的具体措施。

10. 工作进度安排

工作进度安排表包括做好市场调查，确定创业的产品或服务的内容，进行产品、服务及包装的设计，选择厂址或店面，购置生产设备，招聘员工，制作广告并制订促销方案，领取营业执照，银行开户，税务登记，开业仪式等内容。执行时间可以交叉安排。

11. 附件

一般来说，你提供的信息越详细，获取帮助的机会就越大。所以尽可能把营业执照、产品或服务目录、价格表、岗位责任等附在创业计划书后面。

企业类型不同，编制的创业计划书也不相同。你可以根据你的企业编写适合自己的创业计划书，上述内容供你参考。

练一练

1. 编写一份创业计划书

(1)方法：以 3～5 人为一组，分别对每个人的创业计划进行讨论，最后拟出一份最好的创业计划。

(2)展示各小组的创业计划。

2. 论证创业计划

(1)目的：使学员了解创业计划的内容，更深刻地理解创业需要做的工作。

(2)内容:对“×××创业计划”进行论证。

(3)角色:创业者5人,设负责人1人、财务经理2人、经营经理2人。

(4)场景:在教室中间布置会议桌,模拟创业者和投资者围坐,其余同学可分别作为双方旁听人员。

(5)做法:由创业负责人介绍“×××创业计划”,投资者提问,创业者解释,双方共同探讨,可恰当安排其他学员参与讨论。

(6)时间:2课时。

(7)要求:

第一,创业者必须十分熟悉创业方案的全部内容,在论证会上尽量争取到投资者的投资。

第二,双方在论证过程中,还应分析目标市场是否找准,竞争对手分析结果是否能表明本项目成功的机会,投资预算是否详尽,经营策略是否恰当,成本分析是否可信。

(8)总结:论证会结束后,由创业者一方修改创业计划,看前后计划有何不同,最后由教师进行活动小结。

任务二　判断你的企业能否开办

现在,你的创业计划已经顺利完成,下面需要考虑你是否做好了开业的准备。

一、判断你的企业能否生存

请思考下面的问题,他将会帮助你进一步判断你的企业能否生存。

(一)你有决心和能力创办企业吗

你已经汇集了大量有关新企业的信息,现在你要真实面对自己,再次考验你是否做好了开办和管理这个企业的准备,请从头再思考一遍,也许你的想法会有所变化。

(二)你的企业能否盈利

你的销售和成本计划反映了企业开办之初应该产生的利润。如果前期没有盈利,以后就应当有,如果生意仍然亏损或者利润很薄,请考虑以下提示:

(1)销量能不能提高?

(2)销售价格有没有提高的余地?

(3)哪些成本最高? 有没有可能降低这些成本?

(4)能否靠减少库存或降低原材料的浪费降低成本?

企业的收益起码要够支付你的工资,给自己定的工资标准应该和你投入企业的时间、精力和所担负的责任相称,它等于你雇佣别人来做你的工作时该付的工资。除了你的工资之外,你的投资还应该带来利润。

(三)你是否有足够的资金创办企业

你的现金流量表显示了你的企业现金收入和支出的动态。你要有足够的现金去支付到期的账单,即使企业有销售收入,如果资金周转不畅,企业也会倒闭。如果你的现金流量表显示某个月份现金短缺,你要采取以下措施:

(1)减少赊销额,加快现金回笼。

(2)采购便宜的替代品或原料,减少材料消耗来降低当月的成本。

(3)要求供应商延长付款期限。

(4)减少电话费、电费之类的开支。

(5)要求银行延长贷款期,或降低每月偿还的本息。

(6)推迟添置新设备。

(7)租用或贷款购买设备。

你已为作物生产创业准备好了吗? 如果发现答“是”的较多,可以考虑创办你的作物生产企业了。如果发现答“否”的较多,你就需要认真思考了,或去从创业的最初阶段重新开始。

二、制订开办企业的行动计划

现在你已经决定要开办企业了,但还停留在纸面上。在和顾客实际打交道之前还有很多工作要做,做这些事要有章法,按部就班,所以你要制订一份行动计划,清楚有哪些工作要做,由谁来做,以及什么时候完成。把要做的事情列一份清单,如:

(1)选择合适的营业地点。

(2)筹集落实启动资金。

(3)办理企业登记注册手续。

(4)接通水、电、电话、网络。

(5)购买或租用机器设备。

(6)购买存货。

(7)招聘员工。

(8)办保险。

(9)宣传你的企业。

你要落实的事情很多,尽量不要浪费时间,行动计划是能帮助你安排任务的最简单有效的方法。计划要做得严谨,避免有遗漏。

练一练

请为自己制订一份开办企业的行动计划。

步骤九

作物生产企业的风险分析

知识目标

1. 了解作物生产企业创业面临的风险。

2. 掌握规避作物生产企业创业风险的对策。

技能目标

1. 能够结合实际情况，合理规避作物生产企业的创业风险。

2. 创业永远与风险相伴，作物生产企业的风险是现在所有企业中经营风险最大的行业之一，并具有不可控性。本步骤将介绍正确认识作物生产企业的创业风险，作物生产企业创业面临哪些风险？探索作物生产创业者控制风险、规避风险的措施。

任务一　正确识别作物生产企业面临的风险

风险是指不利事件发生的概率。也就是说风险的存在意味着创业项目的实现可能会遇到意想不到的困难。

作物生产行情与农业行情息息相关。旱了不行，涝了不行，这是自然风险。技术缺乏、管理缺位这是生存风险。年景好，行情未必好，这是市场风险。按照风险形成的不同层次，作物生产行业的风险可以分为以下 4 个方面：

一、自然风险

自然风险主要包含自然资源风险和自然灾害风险。只有了解作物生产企业当地的自然条件，才能有效地规避该风险。

（一）自然资源风险

自然资源风险可以理解为正常条件下的自然环境风险。主要是指自然资源的有限性与社会索取自然资源的无限性之间的矛盾给作物生产带来的风险。作物生产行业是资源密集型的行业，对自然资源有很强的依赖性，我国自然资源极其缺乏，特别是土地、水资源的短缺，已严重危及作物生产行业的安全与发展，主要表现在自然资源的时空变化方面。近几年，自然灾害难以预测，由此带来的自然资源方面的风险加大，容易给作物生产行业带来巨大的损失。土地资源则表现为地理位置、交通条件、自然灾害的冲击、土地利用形式的变化等给作物生产行业带来的风险。

（二）自然灾害风险

自然灾害风险主要指异常条件下的自然环境风险。主要是指水灾、旱灾、台风、冰雹、沙尘暴等气象灾害；地震、泥石流、山体滑坡等地质灾害；风暴潮、海啸等海洋灾害；病虫害等生物灾害等。自然灾害风险是种植业最为敏感和最为严重的风险。我国气候变化大，灾害种类多且发生频繁，对作物生产企业的生产和发展造成了重大的影响。

资料拓展

近年来，我国每年农田受灾面积达7亿亩以上，受灾农作物面积占农作物播种面积的20％～35％，造成粮食损失200亿千克。其中干旱、洪涝、雪灾、冻害是我国最主要的农业气象灾害。

2009年1月至2月上旬，我国10多个省区连续4次遭受低温、雨、雪、冰冻等极端天气袭击，直接经济损失1 516.5亿元。2010年春天，云南大旱，仅仅以云南文山州为例，截至2010年2月23日，干旱涉及全州8县102个乡镇940个村民委员会，13 108个自然村61.6万户269万人。农作物、林果面积325.0万亩，受灾226.1万亩，绝收110.5万亩。此次旱灾共造成粮食产量损失7 542万公斤，农业经济损失6.63亿元。

二、生存风险

企业生存风险是指企业在其经营发展过程中由于各种内、外部环境因素的影响而使企业陷入困境，从而危及企业生存与发展的风险。种植企业的生存风险是客观存在的，造成种植企业生存风险的原因有可控因素和不可控因素，在诸多生存风险的伴随中，企业是否能够持续发展，决定因素是企业防范风险和处理风险的能力。如对不可控的生存风险，要采取应急措施，因势利导，正确处理风险，使风险对企业造成的损害降到最低；对可控的生存风险，要提前采取防范措施，防患于未然。

（一）技术风险

技术风险是指由于创业者缺乏农业技术或某些技术，在应用后产生的不确定副作用的认识，对农业生产经营活动所造成的损失。在作物生产行业经营中农业技术的运用在带来收益和效率的同时，也隐含着巨大的风险。在现代农业中，新技术的高难度、高投入、高产量和高效益也受自然和市场等因素的影响，从而引起农民收入的不确定性。一是，农业生产技术的工艺过程保密性很差，特别是种植业技术具有经验型特征，比较容易模仿，新技术一旦投入使用，其他的模仿者便会很快跟进，由此而引起的产品供给大幅度的增加而导致产品价格下降，使新技术的采用者难以获得预期的收益。二是，我国农民的文化水平普遍比较低，难以掌握农业新技术的要领而造成新技术运用的失败。三是，自然条件和地理环境的不适应导致的农业技术运用失败。

（二）经营风险

经营风险是指种植企业在生产经营过程中，产、供、销各环节不确定性因素的影响所导致企业资金流动的迟滞，产生企业价值的变动。对于种植企业来说，还有种植战略选择、种植投资、农产品价格、销售渠道等经营决策引起的未来收益不确定性。经营风险时刻影响着企业的全部经营活动，企业必须防患于未然。企业的经营风险始终存在，对一个企业进行经营风险的成因分析以及提出预警机制并不是为了完全消除企业的经营风险（要想完全消除也是不可能的），目的是能及时掌控或能够提前采取措施，将其可能产生的危害控制在可接受的范围内，尽力把损失降到最低程度。

（三）筹资风险

筹资风险是经营到一定阶段后企业需要扩大种植规模时的风险，特别是增长型企业在发展的关键时期往往会面临资金不足的风险。随着时间的推移，企业管理者的更替、股权的异动等带来的可持续经营的风险，如管理者的判断分析能力、决策能力与管理人员的品行等。

（四）人为风险

人为风险指因人的主观因素导致的种种风险，如人为破坏、投毒、失职、误判等，因为人为因素而导致的订单风险就是其中之一。农产品订单是指农户根据其所在的乡村组织同农产品的购买者之间签订订单，组织安排农产品生产的一种农业产销模式。但是农民往往处在弱势地位，由此产生了订单风险。

三、市场风险

市场风险主要是指国际、国内市场中不确定性因素给企业造成的损失。对作物生产企业来讲，是指农产品供求失衡导致的价格波动和价值实现的困难。

作物生产企业在作物生产中面临产品销售不畅、价格偏低、价格不稳定或者受到竞争对手的挤压等情况，这一切都会带来市场风险。作物生产企业都客观存在着市场风险。市场风险的表现形式有：

（一）国际市场风险

主要是出口农产品遭受国际市场保护主义的反倾销及绿色贸易壁垒和技术壁垒带来的风险。我国每年都有农产品出口受阻事件发生，直接影响到我国农产品的加工工业生产，给我国作物生产企业造成巨大的损失。

1. 农产品供求失衡导致的价格波动和价格实现带来的风险

作物生产行业的产品是弹性极低的一种消费品，某一产品供应量一旦超过（或不足）“平衡”点，价格会立即大幅度下降（上升），出现“拐点”。我国作物生产行业经过发展，农产品供大于求的局面逐渐出现。因种植业市场基础不完善，市场供求信息闭塞，农产品难卖的问题尤为突出，使得很多作物生产企业面临着市场风险，出现了增产不增收的局面，被农民称为“痛苦的丰收”。从事作物生产行业生产的企业较多，竞争激烈，特别是一些初始创业者，明知有风险也要涉足，最终将导致市场的竞争风险加大。

2. 市场适应能力隐藏的生存风险

市场适应能力是一个企业生存、发展最重要的能力。一个企业无论技术水平有多高，生产的产品质量有多好，如果没有市场适应能力，产品不能被市场所接受，就直接影响企业效益,甚至有破产的可能。

3. 假农资对作物生产企业带来的风险

不少不法商人和企业,受市场经济利益的驱动,生产销售假冒的农资(假农药、假化肥、假种子等)坑害农民。假农资不仅起不了原有的生产效果,而且还加重了农业风险的危害程度,使农业减收。

(二)市场风险产生的原因

1. 供需矛盾

大多数农产品属于最基本的生活必需品,随着消费者收入水平的提高和恩格尔系数的降低,对农产品的直接消费量不可能有很大的增加,有的甚至会减少。这样就与日益扩大的农产品生产总量形成了尖锐的矛盾。

2. 市场调节的滞后性

市场机制对农产品产量和生产结构的调节,是根据现行的生产价格而不是未来的生产价格决定的,由于农产品的生产周期长,所以生产无法迅速适应变化多端的市场。市场调节的滞后性,往往会使作物生产企业陷入“一哄而上,一上就多,一多就下”的泥潭之中。

3. 作物生产行业生产及农产品供给的季节性强

相对于其他行业,作物生产行业的生产经营带有明显的季节性,生产的时间性强,错过季节,损失就难以避免。受生产特性的影响,农产品进入市场一般都表现出很强的集中性,并且大多属于鲜活产品,一旦流通受阻,后果不堪设想。

4. 国际市场的严峻挑战

尽管加入世贸组织增加了我国农产品的市场空间,但也有可能使我们的市场舞台变小。当前我国作物生产行业所面临的所有市场风险中,最重要的是由于农产品难以达到国际质量标准而缺乏竞争力。

四、其他风险

(一)种子种苗风险

作物生产中,因种子、种苗出现问题而导致减产甚至绝收的事情屡见不鲜,如果农业创业企业遇到假冒伪劣的种子、种苗,企业将蒙受重大损失。

（二）农产品质量安全风险

随着农产品市场的不断规范，国家加大了对农产品质量安全的监管力度，所有农业创业项目必须无条件接受农产品质量的安全监管。种养殖业的生产环境、市场上种植和化肥的质量以及企业内部的管理等问题都会增加创业风险。一旦哪个环节出了差错，生产出来的农产品因质量安全事故被查处，该农业创业项目也将因此一筹莫展。

（三）作物生产成本风险

农药、化肥、种子、农机等农业生产资料的价格都给农业创业项目带来了不确定的成本因素，从而增加了创业的风险程度。随着社会的发展和科技的进步，农业创业过程中的风险因素越来越多。

在开始创业时就要充分认识到进行风险防范和处理的必要性和迫切性。

练一练

作物生产创业过程中还会存在哪些风险？

任务二　规避创业风险的对策

企业存在风险是必然的，因为风险与效益有着密切的关系，即所谓"高风险，高回报，低风险，低回报"。这说明，任何一个企业都存在一定的风险，没有完全无风险的企业。但不是有风险的企业就一定有收益，也并不是风险越高，收益就一定高，企业风险超过一定的限度，风险将变成危险，直接威胁企业的生存和发展。所以对企业风险的防范与管理已成为现代企业管理的一个重要组成部分。市场经济环境下，企业流行这样一句格言：企业不可能把握全部市场，但企业可以把握自己。把握住自己就赢得了战胜风险的主动权。

作物生产企业风险受自然环境和种植环境的影响，在不同的地区，具体的风险形式也各不相同，如在北方地区旱灾的风险较大，南方地区水灾风险较大，东部沿海一带台风的风险较大，在信息相对闭塞的西部地区市场风险和技术风险并存。这就要求在制订风险防范对策时要具体问题具体分析，针对不同地区不同的风险形式制定不同的防范对策。

一、增强危机意识

危机意识也是一种前瞻意识。居安思危，才能保持清醒头脑；未雨绸缪，才能防患于未然。近年来，自然灾害的频发、国际金融危机带来的农产品市场价格异常、农资市场监管失控而导致恶意竞争、高毒药害事件屡屡发生、耕地面积大幅减少、水资源短缺、农业生态环境整体恶化、从事农业的劳动力整体素质下降、农业基础设施薄弱、技术装备落后、科技支持能力低下等，任何一方面都孕育着种植企业的危机。所以，对一个种植企业来说，每时每刻都要有危机意识，有危机意识才能规避风险。

二、创建风险基金

风险基金即创业基金，这类基金主要来源是吸收机构和个人的资金，投入到种植企业中以保证企业的运行与发展。主要目的是为了帮助所投资的企业正常运行及发展壮大。

（一）由国家财政建立农业保险风险基金

可以降低农业保险的经营成本，扩大经营的规模，打破保险公司的地区限制，将风险分散到全国，做到"一方有难，八方支援"。另外，可将每年中央财政用于救灾的拨款划归到风险基金中，也可以使救灾变得"名正言顺"。因为降低了经营成本，更好地分散了风险，向农民收取的保险费也可能会低于现阶段农民的实际支出，这样既提高了农民规避风险的意识，也为农民减轻了保费负担。

（二）成立作物生产合作社

可以开展集体内部资金融通，成立农村互助基金业务部，集中集体的资金，农户可投资入股，便于将农户分散的经营统一起来，将闲散的资金集中，发挥资金集中的规模优势。一方面，农户以持有股权的形式投资农业产业投资基金，且能够获得定期的收益；另一方面，除日常的农业生产外，分散经营的农户可以通过流通和服务等多种形式的合作进行加工、销售，从作物生产企业的生产经营中直接分享利益。

（三）作物生产企业直接实行股份合作，融资参股的农户参与管理，按股份分配，共同承担风险

创建风险基金的形式多样，可结合当地实际情况设立，但不论采取什么形式建立的风险基金，都不能改变其用途，应加强管理，还需要政府部门参与协调及各方的共同努力，通过不断调研与实践，真正解决作物生产行业风险基金建立过程中面临的各项问题，使风险基金在作物生产企业规避各种风险中发挥更大的作用。

三、延长作物生产产业链

长期以来，我国传统农业存在着产业链太短、规避风险的能力低下及农产品附加值不高等问题。通过延伸产业链来提高作物生产产业化程度、规避风险是种植企业应引起高度重视的问题。各级部门要加大力度引导各类作物生产产业化龙头企业将基地建设和加工项目向优势区域转移；引导种植企业合理布局，解决农民就业，提高农民收入；引导加工企业延伸至作物生产环节来抵御原材料价格波动等风险。作物生产产业化是解决“三农”问题的一个非常重要的途径，也是未来作物生产的发展方向。目前在全国范围内已初步形成了一批特色农产品加工带（区），延伸了作物生产产业链条，提高了产业带建设水平和质量。如河南、河北的小麦加工，吉林的玉米加工，湖南的水稻加工，在全国均居于领先地位，发挥了重要作用。

产业链主要是基于各个地区客观存在的区域差异，着眼发挥区域比较优势，借助区域市场协调地区间专业化分工和多维性需求的矛盾，以产业合作作为实现形式和内容的区域合作载体。

作物生产产业链以作物生产行业为主导，综合运用农产品加工及农业资源高效利用技术体系，采取企业带动型的组织方式，使分散的资源要素在产业化体系运作下重新组合，通过产业链延伸，既可以增加农产品附加值，还可以规避风险。

延伸产业链的模式多样，各地可结合实际情况组建不同特色的种植业产业链。如构建工农互补、一体化经营产业链；“龙头＋基地＋农户”产业化模式；“绿色种植＋绿色养殖＋绿色加工”三环联动模式；“公司＋科研＋农业经纪人＋农户＋基地”模式；企业之间副产品、固体废物、废水、废能综合循环利用——企业共生组合的“生态产业链”模式等。

四、以业为主多种经营相结合

以业为主多种经营是指一个企业在以一个主营行业为主的同时经营两个以上行业的经营方式，又称“多样化经营”。采用多样化经营方式的企业，参与多种商品和劳务的生产和销售活动。企业采取多样化经营，需要选择多样化方向，即在何种状态下选择何种多样化较为有效。多样化经营不仅限制产品品种的扩大，还包括生产和市场范围的扩大。目的在于分散风险，避免某种产品市场行情变动而影响收益，充分利用生产潜力和市场销售潜力等。不同的地区和农业生产单位，因自然、社会经济和资源条件的不同，多种经营的方式、项目和生产结构也不同。如我国作物生产企业的“种—养—加”模式是以种植（水稻或小麦）为主，养殖和加工为辅的经营方式。实行多种经营的优点：一是有利于充分利用劳动力、土地和其他自然资源；二是有利于充分发挥农业内部各部门间相互依存、相互促进的作用，使生产布局和生产系统合理化，发挥区域性农业的综合效益和整体效益；三是有利于缓和农业生产中劳动力、生产资料及资金使用的季节性矛盾，增加企业收入，满足市场需要，有利于企业生产资金积累和扩大再生产。走“一业带多业，多业促一业”发展道路，是我国作物生产企业可持续发展的必由之路，也是应对作物生产各种风险的有效措施之一。

五、加强产前、产中、产后的联营合作

作物生产企业在生产经营过程中，需要提供技术指导、良种繁育推广、生产资料供应、农产品销售、财务核算、市场信息等多项服务。产前环节主要包括种子、化肥、农药、农机具等物资的提供与推荐以及技术培训、政策帮扶等；产中环节主要是技术指导；产后环节主要包括销售、收购、客户联、运输、结算等。能为作物生产行业提供产前、产中、产后各环节服务的行业主要有各级服务部门，如农技推广站、植保站、种子站、农机站、气象站以及农业专业技术协会、专业合作社等。加强产前、产中、产后的联营合作，有利于帮助种植企业防范风险，降低成本，增加效益。

要在作物生产行业的产前、产中、产后各个环节，始终用现代物质条件装备农业，用现代科学技术改造农业，用现代产业体系提升农业，用现代经营形式推进农业，用现代发展理念引领农业，把培养新型农民作为发展现代农业的主线，以提高农业水利化、机械化和信息化水平为内容，积极推进农业规模化经营，不断提高土地产出率、资源利用率和农业劳动生产率。

目前我国在作物生产的产前、产中、产后服务体系建设仍存在较多问题，如管理体制不健全、经费不足、技术推广难度大、专业人才缺乏、技术力量薄弱等。各级政府、财政应加大经费投入，加强联营合作的协调与管理，拓宽服务领域，转变服务观念，优化服务队伍，提高服务质量。

影响作物生产风险的因素太多，作物生产的风险来自环境、市场价格和技术，通过规模种植，创建公司，尽可能地减轻作物生产的风险不失为发展现代农业的好路子。

练一练

1. 结合自己的企业，谈谈应如何防范种植风险。
2. 结合自己的企业，谈谈应如何降低市场风险。

第二篇 各 论

在学习了总论后，你已经对依托作物生产行业创业有了比较明确的认识了吧？在各论中，我们将带领你了解作物生产专业的另外5个经典案例，希望通过本篇的学习，能更加增强你对依托作物生产专业进行创业的信心。为实现成功创业奠定基础。

项目一

食用菌生产企业的创办分析

知识目标

1. 了解食用菌行业市场行情。
2. 掌握食用菌行业财务分析。
3. 了解食用菌行业风险。

技能目标

1. 能够开展食用菌行业市场行情调研。
2. 学会为食用菌生产企业进行财务分析。

【赵聪的创业故事(一)——产生食用菌行业创业想法】

赵聪,福建古田县人。大一时开始学习食用菌生产相关课程,他利用实习机会参观了学校附近的几家个体户开办的食用菌经营店,发现自己对这一行业很感兴趣。后来,他利用周末或课余时间有意无意地经常到校外的市场和超市了解食用菌产品的价格和销售情况,一边看一边与老板、员工聊天,让他了解到经营食用菌是一个赚钱的好项目,从此萌生了"毕业后开办食用菌经营部"的想法。

有了创业想法,还要考虑将要创办的经营部的产品或提供的服务有没有市场?市场在哪?市场有多大?未来会怎么样?他需要进行市场调查。

任务一　食用菌行业市场行情分析

一、需要了解的食用菌行业市场行情

有市场,企业才能生存。要想从事食用菌行业的创业活动,就要了解这一行业

是否有市场机会。

（一）食用菌行业前景分析

1. 需要了解的食用菌市场内容

要创业先要了解市场前景。了解什么？怎样了解？赵聪列出要了解的内容。

(1)食用菌行业市场行情怎么样？

(2)古田县食用菌行业发展的历史沿革和发展趋势？

(3)古田县食用菌行业有哪些竞争对手？

(4)经营什么产品，优势在哪里？

(5)食用菌产品的销售渠道怎样？顾客群是哪些？

2. 收集食用菌行业市场信息的方法

(1)查阅文献法。查阅历年行业市场调研及发展趋势分析报告，了解行业发展方向及业务主要拓展范围，了解业内竞争情况。

资料拓展

几个常用的文献检索数据库

中国著名的学术文献数据库有：中国知网、万方数据库、维普数据库、中国学术期刊全文数据库、方正 apabi 电子图书、读秀知识库、超星电子图书、国研网、网上报告厅、ebsco 全文数据库。

(2)利用互联网法。通过互联网了解食用菌行业现状；了解食用菌行业情况、价格、市场前景。

(3)问卷调查法和现场询问法。通过问卷调查和现场走访询问了解各大企业的食用菌生产情况和市场上食用菌产品销售情况，包括生产规模、食用菌的品种、产品包装、价格、销售渠道等，向顾客了解他们对食用菌产品的需求情况。

【赵聪的创业故事(二)——开展市场调研】

随后，赵聪开始留意食用菌行业市场，利用自身参加食用菌课程教学活动，学习食用菌营养(药用)价值和加工技术，一边查阅文献资料了解食用菌行业情况，一边有意地向顾客和周围居民了解他们对食用菌的需求情况。

通过调查，赵聪了解到：古田县食用菌栽培历史源远流长，闻名于世，无论栽培品种、生产技术、菇品质量以及流通网络都居全国榜首，有的冠于世界。1996年被国务院发展研究中心授予“中国食用菌之乡”的荣誉。

古田县食用菌生产历史悠久，早在公元609年就有人从事香菇生产。人工栽培银耳始于20世纪60年代末，但当时以椴木栽培为主，生产周期长、产量低，难以形成规模生产。20世纪70年代中后期，古田人民通过探索试验，在全球首创食用菌袋栽技术；20世纪80年代，成功开发了香菇室外袋栽、竹荪生料栽培技术以及银耳棉籽壳代料栽培技术。近年来，又实现了黑木耳南方栽培技术和茶薪菇菌种攻关、配方创新技术的突破，从而在全国率先掀起了银耳、香菇、竹荪、黑木耳、茶薪菇生产的“五次浪潮”，形成了现在闻名全国的“古田食用菌栽培模式”。食用菌生产成了古田县农村的支柱产业和农民脱贫致富奔小康的主要途径。据统计，近年来古田县食用菌年产量都以每年10%以上的速度递增。

随着人民生活水平的不断提高，人们对健康、营养、安全的食用菌产品越来越重视，销量和消费群体也在不断增加。就目前的发展形势来看，拥有全球五分之一人口的中国，食用菌的需求将会超过任何一个发达国家，成为全球消费食用菌的第一大国。

随着市场细分成为可能，可利用对目标市场的细分为不同顾客服务。

（二）确定食用菌产品销售模式

经过市场调查，赵聪了解到食用菌行业的种类繁多，品牌林立，一时间不知道该选择哪种品牌来经营。为了理清品类，以便做出品牌选择，赵聪做了以下调查工作：

(1)食用菌行业的品牌有哪些(包括本地品牌)?

(2)他们各自都有哪些产品？产品的特点(功能)是什么？质量如何？是否经常有新品推出(即新品研发能力如何)?

(3)他们的营销模式是怎么样的?

(4)他们的消费群体是哪些人？有自己的固定消费群体吗?

(5)他们的价格如何?

【赵聪的创业故事(三)——进行营销模式的选择】

明确自己的创业构思后，赵聪马上着手了解市场上的各种食用菌行业品牌。古田县食用菌以品种全、数量多、品质优、口感好久负盛名。在大桥，以野生菌命名的餐饮企业多达50家，以菌火锅、菌全席为代表的野生菌美食让游客流连忘返、赞不绝口。该镇还有30多家各具特色的农家乐，以吃饭、休闲、采菌等项目来吸引散客。现在网络上B2B、B2C、C2C的销售模式渐渐成熟，淘宝、易趣、拍拍、有啊等网站成为主要销售渠道，网上食用菌店铺更是多如牛毛。他对调查结果进行了分析，有了自己的产品定位和营销计划。

在营销模式的选择上，首先依靠团队的力量，成立一家公司，龙斌食用菌经营部。公司场地要足够大，场地选在距离县城中心位置较远的地方，场地面积45 m^2，租金相对便宜，且一个季度缴纳一次，同时增加了资金流量的流动性，并且周围环境清幽。其次在保留实体店铺的基础上另辟新的战场，然后依托现在网络的强大，同时开辟网上销售，加快发展。且在发展过程中，慢慢打造成品牌。依托实体店铺的品牌效应，将会在全国销售。

从实体店铺和网上销售两条线出售，打算投入4万元进行房屋租赁及简易装修。通过在淘宝、有啊等网上注册开店，进行网上销售，无须多大投入。

广告媒体宣传是必须的，由于资金有限，预计将分别在新食用菌上市时投入4 000元印制关于食用菌的DM手册，免费分发给目标客户；而且也可以跟一些媒体通过资源互换的方式让媒体帮助宣传，如我们为其提供一季的茶树菇换取媒体一季度的广告宣传；而网上则依靠论坛发帖、发邮件等形式进行免费宣传。

（三）了解你的竞争对手，选择企业产品

1. 了解的竞争对手的有关信息

需要了解竞争对手的信息有：

(1)他们的产品种类有哪些？主打产品是什么？

(2)他们的产品价格如何？

(3)他们的产品质量如何？

(4)他们提供额外服务吗？

(5)他们的优势和劣势是什么？

2. 了解竞争对手的方法

实地调研。一是考察企业营业基本情况。与合伙人分工合作，自己扮成买菇的商家，去直接询问老板相关产品的种类、价格、销售途径和销售模式。合伙人则扮成求职者，从员工那里打听消费的产品种类、数量、产品价格等信息，时间为一个月。估算出经营部一年的营业额。二是考察环境条件。进店观察店铺环境、设施、

卫生、服务等软件和硬件情况，并对其进行评估。

【赵聪的创业故事(四)——了解竞争对手，进行产品选择】

赵聪的竞争对手很多，只大桥镇中心就有50多家食用菌经营部。由于竞争对手多，加上地域的影响，各类食用菌经营部已经到了发展瓶颈期。

为全面了解竞争对手信息，赵聪的做法是：

通过市场行情调查和实地调研，将调查结果进行分析研究，筛选企业经营的产品。调研结果如下：

(1)金针菇。市场价格：5～8元/千克。

据上海工业仪器研究所测定，每100克鲜菇中含水89.73克、蛋白质2.72克、脂肪0.13克、灰分0.83克、糖5.45克、粗纤维1.77克。

优点：金针菇有增强机体对癌细胞的抗御能力，常食金针菇还能降低胆固醇，预防肝脏疾病和肠胃道溃疡，防病健身。

缺点：金针菇保鲜期短，时间一般仅2天。

(2)香菇。市场价格：4～7元/千克。

优点：香菇含有多种维生素、矿物质，对促进人体新陈代谢，提高机体适应力有很大作用。

缺点：香菇富含麦角甾醇，这种物质在接受阳光照射后会转变为维生素D。如果用水浸泡或过度清洗，就会损失麦角甾醇等营养成分。

(3)松茸。市场价格：72～80元/千克。

优点：松茸菌肉肥厚，具有香气，味道鲜美，是名贵的野生食用菌。据过去的许多文献记载，松茸具有强身、益肠胃、止痛、理气化痰、驱虫等功效。现代科学研究表明，松茸还具有治疗糖尿病、抗癌等特殊作用。

缺点：经煮熟后，药用效果大打折扣。

(4)竹荪菌。市场价格：鲜竹荪30～50元/千克；干竹荪200～600元/千克。

优点：竹荪是名贵的食用菌，历史上列为“宫廷贡品”，近代也多次作为国宴名菜，竹荪同时也是食疗佳品，营养丰富，据测定干竹荪中含蛋白质19.4%、脂肪2.6%，碳水化合物总量60.4%，其中菌糖4.2%、粗纤维8.4%、灰分9.3%。对高血压、神经衰弱、肠胃疾病等具有保健作用，还具有特殊的防腐功能。竹荪具有滋补强壮、益气补脑、宁神健体的功效；补气养阴，润肺止咳，清热利湿，有减肥特效。其所含的真菌多糖，具有提高人体免疫力和抗癌等多种功效。现代医学研究也证明，竹荪中含有能抑制肿瘤的成分。

对比各菌类的优缺点，竹荪菌有极高的经济价值。竹荪又名竹笙、竹参，常见并可供食用的有4种：长裙竹荪、短裙竹荪、棘托竹荪和红托竹荪，是寄生在枯竹根部的一种菌类，被人们称为“雪裙仙子”“山珍之花”“真菌之花”“菌中皇后”。竹荪营养丰富，香味浓郁，滋味鲜美，自古就列为“草八珍”之一。竹荪菌将会有很大的市场潜力。

3. 打造产品优势

确定了自己的主打产品后，根据对手的产品特点，扬长避短，打造自己的产品优势。

(1)产品。公司产品分为早期的培养菌种和回收后的鲜产品(鲜竹荪)及其关联产品(干竹荪)，向社会提供优良无污染的绿色食品是公司倡导的经营理念。保证产品质量，开发多种规格的产品，在核心产品的基础上，延伸产品的功能。同时不断开发相关新产品，拓宽产品的线性广度和深度。

(2)包装。公司产品中的鲜品是包装的一个创新点，一般的鲜品无包装或包装比较粗糙，公司采用人性化包装提高产品魅力，在统一标识的前提下，不同产品、规格采用易于识别的不同包装，方便顾客的选购、辨别与使用。包装的形象要求新颖、独特，能在第一时间吸引大众的眼光，使其关注我们的产品。

实行绿色包装，包装符合国际“4R＋1D”的原则，即：低消耗、开发新绿色材料、再利用、再循环和可降解。包装的主要材料符合绿色产品所有的环保观念。

(3)服务。建立完善的销售服务网络，为客户提供健全优质的服务。

售前服务：采用宣传、培训和交流等手段，使种植农户充分了解竹荪菌的经济价值和种植意义，使产品的种植得到大力推广。

售中服务：建立完善的销售网络(如电话订货)，及时送货上门。门面的销售员要经过专业培训、有较高的业务素质，对菌类很熟悉。销售员销售过程中要态度友好、热情、服务周到。

售后服务：建立信息反馈渠道，包括销售渠道中的反馈和电子商务的网络反馈，做好产品的质量、服务的反馈、信息处理，根据客户的需求不断改进产品。与顾客搞好关系，固定长期业务关系，最大程度满足顾客需求。

（四）确定你的客户群

1. 了解顾客信息

在福建古田县创业开店，县城及乡镇的居民是主要消费群体，当然也可以通过互联网线上销售，全国各地居民都可能成为消费群体，是赵聪食用菌行业店的潜在顾客。居民群体的特点是追求实惠、物美价廉，而食用菌是一种保健的食材，是中高端人群的美食或保健品。要想了解食用菌行业产品在消费者中的需求信息，需要了解的潜在客户的以下信息：

(1)顾客的性别、年龄？

(2)顾客想要购买什么产品？

(3)顾客愿意以什么样的价格消费产品？

(4)顾客是否在寻找有特色的产品？

2. 收集顾客信息的方法

调查问卷法。通过调查问卷收集顾客信息是市场调研常用的方法。

【赵聪的创业故事(五)——了解顾客信息】

为了更精确地了解县内食用菌行业市场容量，赵聪做了以下工作：

设计了一份简单的调查问卷，收集潜在顾客的信息，如性别、年龄、产品需求、价格支付等。他了解到男女顾客比例基本一致，他们愿意支付 2.5～5 元/千克的食用菌鲜品，看品种；愿意支付 15～25 元/千克的食用菌干品；愿意支付几百元/斤的食用菌保健品。他们认为现在县内的此类产品价格偏贵、品种单一，干品和保健品类偏少。

根据调查结果，赵聪将目标客户定位在福建省内中低等、中等、中高等、高等收入工薪阶层以及喜爱菌类的消费者，在经营中注意与顾客及供应商建立良好伙伴关系促成双赢，赢得顾客的喜爱，逐渐形成品牌效应。而在中低端市场大多被个体户平分，还未形成真正意义上的品牌。而品牌在现代生活中越来越深入人心，品牌的力量是巨大的，整合中低端食用菌市场，不管是在实体店铺还是在网络销售商，让客户买的安心，吃的也放心。

【赵聪的创业故事(六)——确定客户群】

经过市场调研和预测，赵聪现在已经与大桥镇周边的一些超市、餐饮店、休闲农庄等固定客户签好合同，并唯一指定其公司为他们提供菌类食材，并免费向周边农户提供菌种及技术支持与栽培生产，待鲜菇出来按高进高出原则再等值收回。

另外，扩大对市场的广告、宣传、业务员对企业的介绍，以最好的质量、最好的售后服务赢得更多的客户。

二、发现和把握食用菌行业市场的方法

（一）食用菌行业市场调研

通过故事（一）至故事（六）的学习，我们了解到开展市场调研的几种方法及其作用：

1. 查阅文献法

了解行业发展方向和趋势，是否符合国家对行业的支持发展方向。只有符合国家政策的行业才能走得更远。如上所述，古田县食用菌栽培源远流长，闻名于世，无论栽培品种、生产技术、菇品质量以及流通网络都居全国榜首，个别品种冠于世界。1996 年被国务院发展研究中心授予“中国食用菌之乡”的荣誉。从某种程度上来讲，食用菌行业消费也是一种文化消费，大大提升了食用菌行业的地位，市场异常看好。

2. 调查问卷法

调查问卷法是市场调研常用的方法，用于选项中的市场调研，收集产品、顾客、竞争对手、营销模式、市场容量、可能的市场细分等相关资料信息。

3. 实地调研法

这是了解竞争对手最直接的调查方法，数据真实可靠，具有重要的参考依据。

【赵聪的创业故事（七）——市场预测】

根据前面的选项评估和市场调研，目前我国形成了以平菇、香菇、木耳、双孢菇、金针菇为主导，鸡腿菇、滑子菇、茶树菇等 30 多个规模种植生产的食用菌品种共同发展的格局。而古田县主要品种是银耳、香菇、毛木耳、杏鲍菇。福建省目前有 3 600 多万人；古田县设 8 镇 7 乡，总人口 32.67 万人，其中城镇人口 13.49 万人，占总人口比重为 41.3%。全县仅大桥镇，以野生菌命名的餐饮企业就多达 50 多家，还有 30 多家各具特色的农家乐。

赵聪得出结论：食用菌县内的市场份额大概为70%，县外市场份额大概为30%，而这部分顾客消费的大多是平菇、银耳、香菇、毛木耳、杏鲍菇。

赵聪预测：县内人口32.67万人，每天总体市场容量为3万人，县外市场350万人，其中有1/5被其他商家占去。赵聪判断：在大桥镇开办食用菌店有较大的市场潜力。他有信心在6个月内先争取到20%的顾客，即70万人左右，达到其他食用菌企业的平均水平。他计划第1个月平均每天销售25千克，第2个月平均每天销售30千克，第3个月平均每天销售35千克，第4个月平均每天销售40千克，第5个月平均每天销售50千克。毕业时，赵聪的创业团队终于申请到古田县的创业店面和菌包制作场地，准备在县内生产和经营食用菌。

（二）食用菌行业市场预测

1. 文献资料预测法

根据第三方投资咨询公司做的历年食用菌行业市场调研及发展趋势分析报告来了解行业发展方向及业务主要拓展范围，了解业内竞争情况，预测整体市场容量及发展趋势。这是对整体市场最可靠的预测参考依据。

2. 调研预测法

常用调查问卷法对项目所处的区域进行的区域市场调研，用于了解本地区的市场容量、顾客群体、竞争对手，作为项目选址依据，避开竞争，开辟属于自己的市场。实地调研法是常用于调查竞争对手的方法，从而做出可能的市场细分分析，争取潜在的顾客。

三、企业人员基本情况和岗位职责

【赵聪的创业故事(八)——企业人员及岗位职责】

赵聪根据市场调研和企业规模，确定企业人员基本情况和岗位职责。

（一）组织结构

公司下设：采购部、生产部、市场部、销售部4大部门，充分发挥每个团队成员的优势，划分适合的职位，各尽其职，定期开展对团队成员的统一培训，培训包括企业管理、团队凝聚力、市场营销等项目。

（二）团队介绍（图 2-1-1）

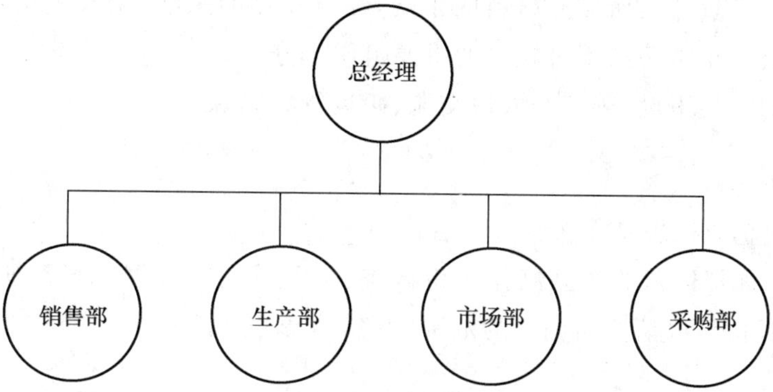

图 2-1-1　企业组织结构图

总经理：总经理负责综合协调和管理公司各部门工作。

工作内容：领导编制公司的长远发展规划，审定年度生产经营综合计划。根据工作实际进展状况，不断完善内部管理和运作的机制，加强对各岗位人员的阶段性工作检查考证和年中、年末的考核，加强思想政治工作，提升业务能力。召开办公会议等。

总经理：赵聪，处事冷静、善于领导。注重团队意识。与人相处融洽。

销售部：负责日常销售工作。

主要职责：制定销售策略，编制销售计划。负责业务资料的收集、整理、归档及管理。负责公司产品的销售，记录销售情况，进行产品的推销。

销售部长：张秀丽，能与顾客很好的沟通。曾参与很多促销活动，有销售经验。

市场部：负责竹荪产品宣传、促销以及促进公司与消费主体——顾客群体之间的联系。它的工作直接或间接关系着竹荪的形象及客流量、销售情况，是个重要的部门。

市场部长：李锦晨，善于调查、精通网络知识。在如今网络腾飞的时代，能为公司在网络上提供很好的帮助，开拓互联网市场，打造网络品牌，同时他对营销知识熟练以及在宣传方面有独特的想法，能够为公司宣传产品品牌，提高品牌知晓度。

生产部：负责竹荪的加工生产及菌种的培育。

生产部长：唐培元，做事认真，对生产方面有浓厚的兴趣，虽然只有小学文化，但作为地道的古田人，有极其丰富的食用菌种植技术与销售经验，人脉广。他不仅能为企业把好食用菌的供应链，又能在销售过程中根据其经验，为企业的创业带来极大的帮助企业创业成功。

采购部：负责公司所需原材料的采购，经营物品的采购，验收进出物品的记录等工作，是公司正常运营不可缺少的重要组成部分。

采购部长：吴平健，善于与农民交流、搬运货物熟练。

练一练

1. 你的企业构想是什么？公司名称：________________。

2. 请为你拟经营的产品制作一份调查问卷（或表），开展市场调研活动，提交一份市场调研报告（请注明调研的范围、内容、对象等）。

任务二　食用菌行业创业效益分析

一、估算食用菌经营部创业资金

【赵聪的创业故事（九）——启动资金预测】

虽然赵聪经过市场调查知道食用菌行业是有市场的，但是对于所需要的启动资金是多少，产品价格定位在多少才能使企业正常运转等问题还不是很清楚。赵聪及合伙人每人向家人拿了 10 万元做启动资金，总共 20 万元。接下来他们需要对食用菌行业的启动资金进行估算，看看资金是否够用。他们一起讨论列出需要购买的东西及单价成本，预计成品进货价平均为 25 元/千克，并且预计在 3 个月后才能达到收支平衡，因此需要有足够的资金支撑过 3 个月。

根据表 2-1-1、表 2-1-2 计算出所需启动资金的总额＝固定资产投资＋流动资金总额＝102 590＋165 200＝267 790 元。这一算，大大超出了赵聪的预期，他们只有 200 000 元的资金，还有 67 790 元的资金缺口，这样能顺利创业吗？他们觉得流动资金的算法不完全正确。首先，这是假设前 3 个月没有任何销售收入的情况，事实上每天做出的菌包是可以卖给菇农的，可以收回一定成本，每袋还有 0.5 元的利润；其次，店面也可以向菇农批发一些食用菌销售，也可以获得一定的利润，这样计算不能完全体现资金流动情况。他们打算在成本核算和现金流量计划时再进一步完善。

表 2-1-1　投资(固定资产)预算表

项目		数量	费用(元)
店面设备、用具	店面装修	1个	1 000
	灭火器	1瓶	100
	电风扇	2台	140
	冰柜	1台	1 000
	柜台	1个	2 000
	管理费	1年	1 500
菌包生产仪器设备	高压灭菌锅	1台	15 800
	拌料机	1台	3 500
	装袋机	1台	2 300
	空调	1台	2 500
	养菌架	数个	3 000
交通工具	电动三轮车	1台	1 500
	海马王子	1台	29 800
	二手货车	1台	15 900
办公用品	办公桌、椅	3个	900
	电脑	2台	7 200
	文件柜	2个	600
	冰箱	1个	2 000
	饮水机	1个	400
	沙发	1个	1 200
开办费	登记注册和营业执照费	1本	50
	市场调查费、咨询费	—	—
保险	食用菌政策性保险	1年	600
	团体意外险	240/人/年	1 680
	医疗保险	360/人/年	2 520
投资总额			97 190

表 2-1-2　3 个月流动资金预算表

项目	元/月	前 3 个月成本(元)
店面和场地租金	1 500+1 000	4 500+3 000
购买棉籽壳、桑枝屑、麦麸、石灰、料袋等做菌包材料	17 700(第 1 个月)	前 3 个月生产 50 000 袋菌包，需要资金 80 000 元，如果能卖出可收回本金 80 000 元，再加上利润 25 000 元。
	第 1 个月菌包卖出收回资金可支付第 2 个月	
	第 2 个月菌包卖出收回资金可支付第 3 个月	
成品鲜菇	90 000	27 000
工资	业主:2 500×2=5 000	15 000
	员工:1 800×5=9 000	27 000
广告媒体宣传	1 500	4 500
水电费	1 000	3 000
电话费	200	600
其他	200	600
流动资金总额	165 200	

表 2-1-3　菌包生产原料价格表

名称	数量	单价	总费用(元)
棉籽壳	8 吨	1 600/吨	12 800
桑枝屑	5 吨	600/吨	3 000
麦麸	20 包	80/包	1 600
石灰	100 千克	0.5 元/千克	50
其他			100
合计			17 550

二、食用菌生产创业成本核算

企业能否存活在于经营成本的控制能力，成本控制不好往往会让企业陷入资金链断裂等财务困境。一旦成本大于收入，必然倒闭。那么，产品的成本由哪些构成呢？企业的经营成本分为固定成本和可变成本。固定成本是指固定投资的成本，可变成本是指买进的产品、再出售的商品以及为售卖商品所提供的服务，另外还有一种特殊成本叫折旧成本，即固定资产不断贬值而产生的成本。

【赵聪的创业故事(十)——成本核算】

经过咨询专家，赵聪了解到产品成本是产品定价的重要依据。产品成本＝买进时的商品成本价＋固定投资的平均折算成本＋设备折旧费平均折算成本＋其他经营活动产生的成本。赵聪他们遗漏了固定资产折旧成本。再则，店面签约10年时间，前期的开办费也要摊进成本，计划在10个月内回收。赵聪的食用菌生产及销售店，其产品价格全国市场价鲜品为130元/千克，他根据与竞争者的价格比较，决定售价鲜品为120元/千克。他们进行的成本计算如下(表2-1-4)：

表 2-1-4　固定资产折旧表

固定资产类型	价值(元)	每年折旧率(%)	年折旧(元)	月折旧(元)
店面装修	1 000	10	100	8
灭火器	100	10	10	1
冰柜	1 000	10	100	8
电风扇	140	10	14	1
柜台	2 000	10	200	16
电脑	7 200	10	720	60
桌椅	900	10	90	8
空调	5 000	10	500	42
文件柜	600	10	60	5
饮水机	400	10	40	3
沙发	1 200	10	120	10
海马王子汽车	29 000	10	2 900	242
电动三轮车	1 500	10	150	13
二手货车	15 000	10	1 500	130
拌料机	3 500	10	350	30
装袋机	6 900	10	690	58
冰箱	2 000	10	200	17
养菌架	3 000	10	300	25
高压灭菌锅	15 800	10	1 580	132
合计	96 240	10	9 624	809

前期开办费摊销＝50元÷10月＝5元/月。

这样算下来，第一年每个月提留固定资产和开办费摊销共约1 882元。这些都要计入产品成本中，再进行成本核算。经计算，赵聪得出一个月生产15 000包食用菌菌包的总成本如表 2-1-5 所示：

表 2-1-5　菌包生产成本核算表　　　　单位:元/月

成本构成项目	费用
管理费	125
店面和场地租金	2 500
菌包生产	15 000×1.6=24 000
工资	14 000
促销活动	1 500
水电费	1 000
电话费	200
保险	400
其他	200
折旧及开办费摊销费	1 882
合计	45 807

产品单位成本=当月总成本÷产品数量=45 807÷15 000=3.1 元。因为农业创业有免税 2 年的政策,所以暂时不把增值税计入成本。赵聪他们决定按成本加利润 35%的办法制定销售价格。即产品单价=3.1×(1+35%)=4.2 元。制定 35%的毛利率低于其他家的菌包价格。他们计划取整数 4 元/包售卖。另外,前 3 个月由于菌包卖出还未能收回鲜菇,可先去其他家生产基地批发一些食用菌销售,取得一定收入。

三、食用菌生产企业利润分析

要想知道企业是否有盈利,大概什么时候有盈利,就必须先知道自己按照计划的销售收入和成本如何,做到心里有数。利润来自销售收入减去经营成本。销售收入与成本计划使你既看销售也看到成本,并对你的利润一目了然,知道企业是否在盈利。当你要开办一家新企业时,你要对企业第一年每个月的利润进行预测。

【赵聪的创业故事(十一)——销售计划与利润分析】

前面赵聪团队已经进行了成本核算,也做了销售计划。下面赵聪团队要做的就是将销售与成本做成计划表,预测企业利润情况(表 2-1-6、表 2-1-7)。

表 2-1-6　销售计划及收入预测表

项目	月份							
	2	3	4	5	6	7	8	9
菌包销售数(包)	15 000	15 000	20 000					
产品单价(元)	4	4	4					
销售收入(元)	60 000	60 000	80 000					
鲜竹荪(千克)	750	900	1 025	1 200	1 500	1 500	1 500	1 500
产品单价(元)	60	60	60	60	60	60	60	60
销售收入(元)	90 000	108 000	123 000	144 000	180 000	180 000	180 000	180 000

表 2-1-7　成本计划与利润分析表

项目		月份					
		2	3	4	5	6	合计
销售	税前销售收入(元)	150 000	168 000	203 000	144 000	180 000	845 000
	增值税	—	—	—	—	—	—
	销售净收入(元)	150 000	168 000	203 000	144 000	180 000	845 000
成本	管理费(元)	125	125	125	125	125	625
	店面和场地租金(元)	2 500	2 500	2 500	2 500	2 500	12 500
	菌包生产(包)	24 000	24 000	32 000			80 000
	鲜竹荪(千克)	37 500	45 000	52 500	60 000	75 000	270 000
	工资(元/月)	14 000	14 000	14 000	14 000	14 000	70 000
	促销活动(元/月)	1 500	1 500	1 500	1 500	1 500	7 500
	水电费(元/月)	1 000	1 000	1 000	1 000	1 000	5 000
	电话费(元/月)	200	200	200	200	200	1 000
	保险(元/月)	400	400	400	400	400	2 000
	其他费用(元/月)	200	200	200	200	200	1 000
	折旧及开办费摊销费(元)	1 887	1 887	1 887	1 887	1 887	9 435
	总成本(元)	120 812	135 812	158 812	141 812	171 812	601 736
利润(元)		29 188	32 188	44 188	2 188	8 188	243 264

注:鲜竹荪进货 25 元/千克,卖出去 30 元/千克。

从销售计划表中,赵聪发现确实与他们所预测一样,前 3 个月的启动资金需要 415 436 元,他们手里只有 20 万元的资金,加上前 3 个月可收回资金 105 564 元(在有客户预定菌包的前提下),还有 109 872 元的资金缺口。好在赵聪创业团队得到农业政策的支持,在他们创业前 2 年,免息贷款 10 万元。家人也支持,保证每月支付给他们必需的生活费,所以他们决定前 3 个月先不领工资,或者采取鲜菇赊账采购的方式,解决前 3 个月资金不足的问题。

四、食用菌生产企业现金流量计划

资金链断裂将导致企业经营中途失败。制订现金流量计划能让你清楚了解企业每个月会有多少现金流入和流出。它将帮助你及时了解现金的流量,及时调整销售策略,加快资金周转速度,使你的企业在任何时候都不会出现现金短缺的威胁。

【赵聪的创业故事(十二)——制定现金流量计划】

经过前面的精心筹备,为了更明了地知道以后每个月的现金流动情况,以便做出应对的措施,赵聪拟定了一个现金流量计划表(表 2-1-8)。

表 2-1-8　现金流量计划表　　单位:元

项目		月份					
		2	3	4	5	6	合计
现金流入	月初现金		128 485	176 560	236 635	240 710	
	现金销售	150 000	168 000	203 000	144 000	180 000	
	赊账销售	—					
	贷款	—	—	—	—	—	
	销售总收入	150 000	168 000	203 000	144 000	180 000	
	业主投资	200 000					
	可支配现金	350 000	296 485	379 560	380 635	420 710	
现金流出	现金采购	24 000	24 000	32 000			
	赊账采购	75 000	90 000	105 000	120 000	150 000	
	固定资产投资	102 590					
	管理费	125	125	125	125	125	
	工资	—	—	—	14 000	14 000	
	店面和场地租金	2 500	2 500	2 500	2 500	2 500	
	促销活动	1 500	1 500	1 500	1 500	1 500	
	水电费	1 000	1 000	1 000	1 000	1 000	
	电话费	200	200	200	200	200	
	保险	400	400	400	400	400	
	其他	200	200	200	200	200	
	开办费	50	—	—	—	—	
	贷款本息	—	—	—	—	—	
	税费	—	—	—	—	—	
	现金总支出	221 515	119 925	142 925	139 925	169 925	
月底现金		128 485	176 560	236 635	240 710	250 785	

经过测算现金流量计划后，赵聪对食用菌企业的经营很有信心。每个月都有收入，从第6个月开始，每个月都可以净赚180 000－169 925＝10 075（元）。

随着冬季的到来，他们发现食用菌更好卖了，加上广告宣传，老顾客在增加，同时兼营其他产品（如香菇、松茸等），销路越来越好。至此，他们又要开始新一轮的产品销售、成本、利润分析、拟定现金流量计划了……与此同时，他们也意识到了市场需求决定产品构成的道理。

练一练

1. 预测你的企业所需的启动资金，为你的企业进行成本核算和制定产品销售价格。

2. 制订你的企业产品销售计划，并进行利润分析。

任务三　规避食用菌生产企业创业风险分析

【赵聪的创业故事（十三）——机遇和风险】

赵聪公司主要以珍稀菌竹荪的人工培植作为其技术支持；向周边地区的农户提供菌种，公司拥有成熟的技术，倡导“科技为本、创业为农”的全新创业理念，有能力向广大农户提供优质的适合于农户培植的菌种，向市场供应营养、无毒的纯绿色食品。

优势：

（1）产品优势。本公司利用先进的技术导入产品，为顾客提供健康、安全、营养的竹荪。

（2）地理优势。古田环境优越，气候适宜，适合竹荪菌的生长。

（3）成本优势。本公司以“公司＋农户”的模式运行，运营成本低。

劣势：

（1）品牌劣势。目前我们不具有强大的品牌知名度和美誉度，这些需要我们用心做好从研究、开发到服务的每一个细节，我们有信心并且有能力在实现产品价值的同时建立良好的口碑和知名品牌。

（2）经营经验劣势。作为一个新兴公司，公司的经营管理理念缺少经验。

（3）资金劣势。公司发展过程中缺少雄厚资金的支持。

机遇：

市场机会是影响公司战略的重要因素。公司管理者应当确认每一个机会，评价每一个机会的成长和利润前景，选取那些可与公司财务和组织资源匹配、使公司获得的竞争优势的潜力巨大的最佳机会。

(1)随着人们消费观念的改变，不再单纯是吃饱，而是要求吃得安全吃得健康，因此，对营养价值高的菌类的需求不断增长。

(2)市场细分成为可能，可利用对目标市场的细分为不同顾客服务。

(3)野生食用菌受到广大消费者喜爱，云南野生食用菌，成为云南又一较大的出口创汇产品。

风险：

在公司的外部环境中，总是存在某些对公司的盈利能力和市场地位构成威胁的因素。公司管理者应当及时确认危及公司未来利益的威胁，做出评价并采取相应的战略行动来抵消或减轻它们所产生的影响。

(1)现有的大型野生食用菌公司竞争力强。

(2)客户或供应商的谈判能力提高。

(3)人们对新公司的接受需要一定的过程。

(4)竞争产品多。

由上述分析可得，赵聪食用菌企业发展竹荪既有机遇又有挑战。我们相信我们的经营服务理念及创新意识能够吸引更多人购买我们的产品。虽然这种模式很容易被复制，但只要我们成立了一个强大的团队，不断创新、完善自己，使自己立于不败之地，最终创造出属于自己的品牌。

一、食用菌生产企业创业面临的风险

（一）市场风险

有市场机会才有创业成功的可能。但是，市场受经济发展的影响，瞬息万变，难以捉摸。食用菌行业的市场风险主要体现在：

1. 菌种管理不够规范

随着食用菌栽培品种的不断增多，加上我国农户小规模分散栽培的主要栽培模式，导致菌种生产的分散和不规范，菌种管理混乱，退化严重，甚至假冒伪劣、坑农害农事件也时有发生，造成生产过程中出菇少或不出菇的风险。

2. 行业机械化、自动化程度仍不高

目前我国仍以单户分散栽培为主，且大多数仍以手工操作为主，劳动强度大，生产效率低，产品质量和产量受到限制；一家一户的作坊式生产带来了技术、原料标准很难统一的问题；生产方式较为粗放，资源消耗和环境污染现象较为严重，影响产业竞争力提升。

3. 产业系统的不稳定性、市场不完善

食用菌市场价格波动较大，市场供需矛盾较为突出；食用菌市场流通体系不健全，制约了我国食用菌产业化发展进程。

4. 食用菌深加工有待进一步加强

食用菌加工产业发展缓慢，产业链条较短，我国食用菌加工以盐渍、烘干、罐头等粗加工为主要方式，加工链条较短，经济效益较差。

此外，国内消费者对食用菌认识还不完善、不科学，容易过分夸大或者轻视食用菌的营养功效，继而阻碍市场健康发展。

（二）企业管理风险

管理不善——业主不懂得企业管理知识，管理经验缺乏，发现问题不能及时地采取行动。如过量赊销，核算成本不仔细，没能很好地控制现金流量，收支失衡，即使发现问题也不能及时采取行动，缺乏市场应变能力，造成资金链断裂。

对员工的要求不严，职责不清，造成员工工作积极性差，服务态度不好，有损企业形象。

盗窃和欺骗——员工或周围村民从企业窃取财物或偷懒。

缺乏技能和专门知识——不会管理资金、人员、机器、库存，不懂怎样与顾客做生意。技术控制不当，全军覆没。产品加工跟不上。

经验不全面——往往有销售经验，却没有采购经验；有财务经验，却没有生产或销售经验等。

市场营销问题——由于市场调研不到位、销售渠道不畅，广告宣传不到位、商品质量差、跟踪服务不到位以及店面布置陈设不吸引人等原因，不能招来足够顾客。或产品不对路，在企业运行时往往没有宏观的判断，不能及时了解市场需求信息及其变化，没能及时调整产品构成，造成产品销售不出去或卖不了一个好价格。

高支出——没有严格控制诸如差旅、娱乐、营业场地、水电、电话通讯等费用支出。

某些资产过多——设备和车辆以及非生产性物资过多,缺乏足够的现金维持日常的经营活动。

生产地段不理想——企业设在偏僻的街道,不好找,或离客户太远。劳动力跟不上等。

灾害——没有为企业投保,导致火灾、水灾或其他灾害无法得到赔偿,使企业遭受损失。

二、规避风险的对策

(一)选好地段,看准市场

食用菌企业所处的地段、位置是创业成败的关键因素之一。地段决定了人流量,决定了潜在顾客量和目标顾客量。

不同地方招商引资政策、治安、用地、劳力资源不同,尽量选择农业园区,尽量避免跟农民直接打交道。

(二)掌握技术,提升产品质量

1. 严格规范菌种管理

菌种一定要到有资质,有质量保障的菌种生产单位购买。自己生产菌种一定要经过小试、中试,再大面积种植,严把菌种质量关。

2. 增加技术含量,提升产品质量

当前食用菌企业除生产初级产品外,应注意向精深加工、高新技术领域探索。发展多种类型深加工,开发即食产品、保健产品、休闲产品等(如生产各种类型的菇类食品饮料、滋补品等)高端产品,增加产品的附加价值。

3. 因地制宜,选取优良品种

不同地区气候不同,应选择种植不同的菇种,如广西适合种桑枝秀珍菇、高山芝、传统香菇、黑木耳、草菇、猪肚菇、金福菇等。有效地组织生产、厂房合理布局、原料有效供应、生产效率高、产品质量好、浪费现象少、有效利用土地和资源、不过度使用地力和水资源、降低生产成本、保护土地和水资源。

4. 走产业化发展道路

实行"公司+基地+农户"的经营模式,走产业化发展道路。市场带公司,公司带基地,基地联农户,推进食用菌的规模经营和产品流通,逐步实现与大农业并轨,与国内外大市场对接。推广工厂化生产，由菌包生产厂家按标准进行生产，由农户分户栽培，生产期间菌包生产厂家定期派技术人员进行技术指导，从生产源头严把菌包质量关，有效降低农户的生产风险，保证产品质量。提高行业机械化、自动化程度，提升产品产量和质量，达到产品优质化、标准化和安全化标准，提高食用菌产品在国际市场的占有率和竞争力。

（三）挖掘潜力，扩大市场

挖掘文化底蕴，打造知名品牌，组织专业化生产，实现“一地一品”或“一村一品”，开展食用菌“名、特、优”生产，有条件的企业注册食用菌产品商标，加强品牌宣传，发挥品牌效应，提高食用菌产品的市场认知度；加强反季节产品生产，确保市场均衡供应，在品种选择上要突出季节特色；拓展融资渠道，争取广泛资金支持，使企业尽快发展壮大。

（四）引进人才，提升技术和管理水平

管理主要包括管理者综合素质、团队的稳定性和决策力。创业者具备出色的管理才能和技术水平，是企业创办成功的技术保障。创业时由于经验、知识等方面的不足，管理不到位，技术不到位，团队不够稳定，创业理念不一，容易导致企业失败。

（五）投入保险，减少损失

为企业投保，减少因灾害性风险造成的损失。

练一练

1. 分组讨论如何规避创办食用菌生产企业的风险。
2. 结合自己的创业情况，设计一份食用菌生产企业农业保险计划。

任务四 成功实现创业

要想成功开办食用菌企业，需遵循以下原则：

一、创业培训

教育和培训是创业活动得以展开的必要条件，良好的教育和高技能培训是创

业取得成功的必要保证。要把握创业机会，减少创业的盲目性。创业培训可以提高创业者的创业技能，促使创业者了解创业的制度政策、注意事项与环节，降低创业成本和失败概率。

二、创业环境

良好的外部社会、经济环境是创业成功的重要影响因素。

创业环境的有效管理能够激励创业者的积极性，降低其创业成本，提高其创业成功的概率。

政府支持力度、创业氛围作为创业环境的重要组成部分，对当前创业者的创业成功发挥重要作用。大多数创业者强调与政府部门、社区和客户等构建良好网络关系有利于其成功创业。

在政策导向型的经济环境里，政府的支持力度无疑是影响创业者的重要因素。入对行、准确识别和把握市场机会，不仅能够在很大程度上降低创业风险，而且可以有效提高创业成功率；同样，创业形式在一定程度上也是影响创业成功的重要因素，不同的创业机会选择，不同的资源禀赋与知识技能，决定着不同的创业形式，进而影响创业的成功率。

当创业者的创业目的是为了满足生理上的需求、安全上的需求（即创业者的创业目的是为解决温饱问题、解决看病需要等），创业者创业成功的概率就会提高。合理的解释为，创业者为解决温饱问题、解决看病需要而创业的压力要比为当老板实现自我价值、带领乡村共同致富而创业的压力大，压力大的同时动力大、干劲也大，故创业成功的概率也相对较大。

三、创业地段

地段决定了市场。如前面“规避风险的对策”中提到，食用菌生产企业经营部及生产部的地段、位置是创业成败的关键因素之一。经营部地段决定了人流量，增加了潜在顾客量和目标顾客量。生产部地段决定了原料、交通和水电是否丰富和方便，如珍稀菌竹荪的人工种植需要大片竹林，离城镇又不能太远。选址不当，往往是造成亏损的首要原因，其次才是管理技术方面的原因（包括现金管理、质量管理、环境管理等）。

食用菌食品一般是行人顺便购买或是在家附近购买。而且，由于食用菌行业盈利主要靠走量，因此选址首要考虑的因素应是目标消费群的集中度、稳定性和消费者购买的便利性。在地段选择上一般有2种模式：一是以店主为中心，在自家住地附近开店；二是以顾客为中心，哪里聚客就在哪里开店。选址定位则主要考虑行人必经场所，如超市或购物中心附近，商业步行街、办公区人行街、车站、市场（专业批发城）附近，学校、成熟小区附近等。网上批发还要考虑方便邮寄等问题。

四、创业市场

市场是一切商品买卖行为或商品交换关系的总和，各种商品供应和需求的关系、矛盾、变化和发展趋势都通过市场得到集中反映。农业创业者只有把握市场的走势，才能避免市场波动产生的风险。

五、创业协作

随着知识经济时代的到来，各种知识、技术不断推陈出新，竞争日趋紧张激烈，社会分工和社会需求越来越多样化，人们在创业过程中所面临的情况和环境也更加复杂。在很多情况下，单靠个人能力已很难处理各种错综复杂的问题，更难采取切实高效的行动。所有这些都需要人们相互协作，协作者之间也将进一步相互依赖、相互关联、共同合作，通过协作来解决错综复杂的问题，并进行必要的行动协调，依靠协作的力量创造奇迹。

六、加盟协会

在激烈的市场竞争中，农业是弱势产业，农民是弱势群体。为了降低生产成本，降低市场风险，提高盈利水平，就需要通过合作联合起来，借助外部交易规模的扩大，节约交易成本，提高竞争中的地位，使产品按合理价格销售。同时，还可通过扩大经营规模，提高机械设备等的利用率，寻求规模效益。如食用菌企业可以加入中国食用菌协会、地方食用菌协会（学会），参加协会活动，获得最新信息，争取市场主动权。

七、减少成本开支

人员费用是企业的一项重要支出，如果要降低农业创业的成本，这是应该考虑的一个重要方面。要减少人员费用，就要精简人员，可以兼职的岗位尽量不使用专职人员，能承包的要承包，能计件的要计件。

项目二

小型家庭农场的创办分析

知识目标

1. 了解小型家庭农场的市场行情。
2. 掌握小型家庭农场的财务分析。
3. 了解小型家庭农场的行业风险。

技能目标

1. 能够开展小型家庭农场行业市场行情调研。
2. 学会为小型家庭农场经营企业进行财务分析。

【梁丹的创业故事(一)——产生创业想法】

梁丹,某职业院校大二学生,她是一个性格开朗的女孩。近些年,我国大力推进农村建设,梁丹来自农村,经常关注国家农业政策。大一刚入校,就已经萌生了自己创业的想法,因此在填报志愿时,根据自己的高考分数,选择了就业创业门槛较低的农学类专业,并自修了一些经济类专业的课程。"家庭农场"是近几年的新生事物,各大网络、报纸铺天盖地,都在宣传家庭农场创建的优厚条件和良好效益,所以她在大学期间就时刻关注和学习相关方面的信息和知识,信心满满,决定毕业后就大干一场。

任务一 了解家庭农场的发展趋势

一、了解家庭农场

需要明确的问题:什么是家庭农场?和一般理解的农业经营是否一致?

（一）家庭农场

家庭农场的概念起源于欧美国家，美国农业部将家庭农场定义为“没有雇佣经理、不含非家庭成员的法人或合作组织的农场”。俄罗斯在《家庭农场法》中指出“家庭农场是享有法人权利的独立的生产经营主体”。

我国不同的学者对家庭农场的概念界定不同，但具有相似之处，都强调：家庭农场是指以家庭成员为主要劳动力，从事农业规模化、集约化、商品化生产经营，并以农业收入为家庭主要收入来源的新型农业经营主体。

家庭农场认定标准：

(1)土地流转以双方自愿为原则，并依法签订土地流转合同。

(2)土地经营规模：水田、蔬菜和经济作物经营面积 450 亩以上，其他大田作物经营面积 750 亩以上，土地经营相对集中连片。

(3)土地流转时间：10 年以上(包括 10 年)。

(4)投入规模：投资总额(包括土地流转费、农机具投入等)要达到 50 万以上。

(5)有符合创办专业农场发展的规划或章程。

家庭农场认定标准的明确，对一味追求土地经营规模、资本的企业变身家庭农场等现象有了更好的整顿，有效避免了“冒充”家庭农场的现象。这对我国家庭农场健康快速的发展有着非常重要的意义。

（二）家庭农场的产业特点

1. 家庭性

家庭农场以家庭为基本生产单位，收入归家庭所有。

2. 适度规模性

相对于以往的家庭联产承包责任制的单个农户经营，家庭农场已初步扩大了生产规模。

3. 营利性

家庭农场经营在扩大生产规模的基础上，能够获得相对分散经营更多的利益。

4. 企业化管理

家庭农场经营管理向着企业化方向发展，通过家庭成员集体决策，更具科学性。

【梁丹的创业故事(二)——了解家庭农场】

因为还有1年才毕业，梁丹利用课余时间，专门针对家庭农场，做了一番细致的调查。主要从两方面入手：一方面，利用手机、电脑上网查询基本概念、业内动态、发展趋势，了解前人的经营模式；另一方面，在课余时间和实习实践课程上，多去相关企业走访咨询，绝不放过一个有用的机会。

以家庭为单位，可以减少利益分歧，内部人际关系简单，比较适合刚踏入社会的大学生；家庭农场以农业为主，是自己熟悉的专业；但面积要求足够大，这是她财力、物力、人力所达不到的，但可以先不认定，拿20亩左右试一试，如果经营好了扩大规模后再认定，也符合创业过程的基本规律，先小后大，稳扎稳打。

由此她坚定了创业的信心。但还只限在一个想法，要想真正做起来，还需要做进一步的调查和论证。

（三）家庭农场的发展现状

我国从20世纪80年代的家庭农场雏形，到如今完善的认定程序，已经经历了30多年的发展历程。截至2012年底，全国30个省、区、市(不含西藏)共有符合统计调查条件的家庭农场87.7万个，经营耕地面积达到1.76亿亩，占全国承包耕地面积的13.4%。在全部家庭农场中，从事种植业的有40.95万个，占46.7%；从事养殖业的有39.93万个，占45.5%；从事种养结合的有5.26万个，占6%；从事其他行业的有1.56万个，占1.8%。2012年全国家庭农场经营总收入为1 620亿元，平均每个家庭农场为18.47万元。在全部家庭农场中，已被有关部门认定或注册的共有3.32万个。

近年来，来宾市工商局贯彻落实中央一号文件精神，将扶持发展家庭农场作为支持“三农”发展的一项重要工作来抓。截至2014年，全市家庭农场43户，到工商部门咨询办理家庭农场事项的农户仍旧络绎不绝。

【梁丹的创业故事(三)——了解家庭农场发展状况】

梁丹家住来宾市，2015年来宾市辖区人口111.49万人，30.62万户，随着城市经济的发展，城镇化水平在快速提高，全市居民受教育程度较高，新增高校2所。2015年市辖区居民人均可支配收入达到28 266元，收入在稳步增长。城镇居民人均消费性支出由2010年的11 462元增至2015年的16 757元，由此可见，城市居民生活条件不断提升，随着受教育程度的不断提高，人们的消费意识会有所改变，将会从解决温饱上升到提高消费质量上。她准备将项目定在来宾郊区亲戚的龙眼山地上，距离市区 5 公里左右。将产品生产定位在安全绿色食品上。搞生态种植和养殖。

因考虑创业初期，所以她主要对来宾周边的家庭农场和市场进行走访调查。

梁丹认为：机遇稍纵即逝，自己现在需要做的就是找到好的项目、潜在市场分析、确定目标市场。

鉴于刚起步阶段，梁丹将市场放在种养基地上，选择网络销售（注册淘宝不需要花费太多）、利用微信朋友圈等方式扩大企业知名度，接受预定、上门送货等，节省租售店铺的资金。

二、如何找准项目

（一）认识市场

市场有两种解释，一种指进行产品交换的场所，譬如农贸市场、商贩销售点、超市等。另一种指需要你的产品或服务并愿意为此花钱的顾客，这时需要考虑清楚：a. 谁是你的市场？ b. 你的市场有多大？ c. 市场未来怎样？

衣食住行一直是老百姓关心和重视的主要生活内容，近年暴露出的环境问题、消费品质量问题、食品安全问题已经让消费者谈虎色变，传统的农业生产经营模式固然是解决人们基本生活问题的保障，但高质量、高安全系数的农产品受欢迎度在逐年上升。

【梁丹的创业故事（四）——项目选择】

梁丹经过市场调查，了解到来宾市有大大小小几十家家庭农场，还不包括未认定的小规模非正规的家庭农场，另外还有很多搞农产品销售的农场，不计其数，她将如何选择自己的项目呢？

（二）项目选择初步设想

家庭农场经历几十年的发展变化，各地出现了很多不同经营类型的家庭农场。从种养模式的角度有如下几种：

1. 大宗作物种植模式

一般是单个家庭农场大规模机械化种植1～2种粮食作物，主要有水稻、小麦、玉米、棉花等。由于其规模较大，作物单一，通常采用农业机械进行播种、施肥、收割等，与传统农户相比，生产效率相对高。目前我国家庭农场多采用这种模式。

来宾市兴宾区大丰园茂谷柑种植家庭农场就属于此类，是来宾市农业局重点引进培育新、优、特品种果苗基地，占地面积广，规模大。

2. 大棚蔬果+采摘园模式

这种模式是指在塑料大棚内种植蔬菜和水果，待到蔬果成熟时可开放供顾客观光、采摘、品尝和直接购买的一种经营模式。通过塑料大棚可以较好地控制蔬果生长所需的阳光、温度和湿度等，从而帮助蔬果又好又快地生长，保证了农产品的高产量和优质率。

广西南宁市北郊的广西——东盟经济技术开发区高坡"家庭农场"就是一位汽车电子专业的90后大学生兴建发展起来的，结合种养发展乡村休闲观光旅游的成功案例，主要种植柑橘、草莓、龙眼、荔枝等瓜果品种及大棚蔬菜。

3. 养殖模式

养殖模式包括畜牧养殖和水产养殖，畜牧养殖多为农户集资建农场养殖鸡、鸭、猪、牛等，水产养殖多为大面积专业养殖鱼虾。由于建养猪场、养鸡场等属于非农建设，目前我国家庭农场的养殖主要是水产养殖。

来宾市兴宾区桥巩乡豪园家庭农场，主要从事淡水养殖，水塘面积达30多亩。

4. 农业特种种养模式

这种模式通过种植特种蔬菜、奇花异果，养殖特色水产、特色家禽等，突破季节、地域、规模的局限获得较高收益。

5. 循环农业模式

所谓循环农业模式，即将各种农作物废弃物进行充分发酵，形成有机肥料又返回到土地里，进行农业生产，是一种最正确的"环境节约型"模式。

来宾市兴宾区寺山乡山清水秀农牧家庭农场主要从事家禽、家畜饲养，水果种植，饲养鸡、鸭、羊、牛等2 000多只(头)，自然山泉水塘10多亩，果场种植面积达80多亩。

【梁丹的创业故事(五)——初步选定创业项目】

面对这么多种类型，梁丹结合亲戚家的龙眼林地，认为搞林下养殖，种养之间可以形成有效循环，节约成本，降低污染风险，符合现代农业发展趋势；猪、牛、羊等红肉经常存在安全危机，且林下养鸡有经验可以借鉴，能够降低投资风险，决定搞林下种养循环农业。

梁丹的创业地点距离市区 5 公里左右，处于城乡接合处，交通便利；附近供水供电充足，可以灵活规划。另外，很多上班族已经厌恶了都市的烦闷，希望体验乡村自然的美景，还有可能将来搞自助式休闲农场，有很大的目标群体。

由此，确定了项目内容：在市郊区龙眼果园林下养鸡。

家庭农场以农业收入为主，城市不能进行农业生产，农业经营中需要考虑运输成本、水电供应成本、潜在客户群预期等。

三、市场调查

市场调查的内容主要有 2 个：一是了解顾客和顾客的需求；二是了解竞争对手，知己知彼。

随着人们生活水平的提高、对粮食安全的意识增强，只要产品好、无污染、有营养，就会得到人们的青睐和认可；粮食价格的不断攀升趋势、国家对农业的政策扶持，农业利润在逐年上涨，当然自身产品要特、鲜、奇。

在市场经济中，总会存在竞争，只有正视它，才能在竞争中占据优势。做调查通常会从两方面入手：一方面，调查农场，研究竞争对手；另一方面，调查市场。

调查农场，从以下 4 方面着手：

(1)这些农场主要产出哪些产品？质量如何？效益怎样？

(2)他们的营销模式是怎么样的？

(3)他们的消费群体是哪些人？有自己的固定消费群体吗？

(4)他们的价格如何？

调查市场，从以下 3 方面着手：

(1)顾客想要购买什么样的农产品？为什么？

(2)顾客愿意以什么样的价格消费产品？

(3)顾客是否在寻找有特色的产品？

【梁丹的创业故事(六)——市场调查与评估】

根据上述几方面的调查和研究，梁丹总结出了如下其所了解的信息(表 2-2-1)：

表 2-2-1　市场调研一览表

产品或服务	顾客	顾客的需要和喜好	竞争对手
活鸡	商超、批发、学校酒店直供、自建、分销商。	味道鲜美、无激素等有害物质的残留。	已经有人开发类似的产品，市场接受程度好，但远没有达到市场的需求。
龙眼果	农产品市场、超市、自主采摘。	核小肉多、甜脆、无污染、新鲜饱满、距离市区近。	受市场和气候影响、种植户很多都改种其他果品。

现在人们生活水平提高了，只要商品价值高、安全，贵一点也能接受，但必须保证商品的良好品质，所以养殖鸡采取散养＋饲料喂养的方式，药食同源，用中草药预防鸡病的发生，降低产品有害物质的残留风险；龙眼果易受天气影响且不易贮存，市场效益不高，这也是为什么其亲戚将龙眼果林低价出租的主要原因，而改种其他果品成本较高，对初创业者的来说不可行。但调查也显示，城市居民因社会压力，近些年乐意到周边果园体验采摘乐趣，只要做好服务，价格还可比市场销售偏高，所以可以搞休闲采摘。在园区闲散场地还可自留或播种时令蔬菜，增加采摘乐趣，吸引顾客，同时也可拓宽活鸡和鸡蛋的销售市场。

但这只是一个初步的推测，具体的还应继续做好营销计划和市场预测。

四、制订市场营销计划

市场营销计划的制订主要通过组合市场营销的 4 要素来进行，包括产品、价格、地点和促销。

（一）产品

产品就是顾客的需要，我们需要将前期的调查结论进行细化，来确定我们能够提供的产品或服务，包括它的一些性状特征（表 2-2-2）。

【梁丹的创业故事（七）——确定产品】

梁丹确定了项目后，开始思考我能生产出什么样的适合社会需求的产品。梁丹想：要做就做顺应社会发展需要的产品。为保证食品安全，成本会相对偏高，但商品价值也比一般贵，通过市场调查，大多数市民愿意用偏高的价格购买质优的产品；本人才刚开始创业，不能接受赊购的要求，以免资金链断裂造成创业失败；价格做到透明化，诚信为民，因此不接受折扣，为今后树立品牌打好基础。

表 2-2-2　产品(或服务)一览表

项目	产品或服务产品种类	
	活鸡	龙眼果
包装/规格	活鸡定制包装箱	塑料袋/箱
新鲜度	出栏时间到后现捉现卖	现采现卖
质量/品质	毛亮色艳、无病健康	新鲜、颜色好、口感佳
安全性	饲料(无添加剂的粮食)+林间红薯等喂养+中草药防病；山间放养。	生态种植、鸡粪回田、物理生物防治，避免药物残留。

(二)价格

通过市场调查和研究同行的价格之后，制订出一个可能的价格范围，制订的时候，必须考虑以下几个方面：

(1)同行给出的价格是多少？

(2)顾客愿意以什么样的价格消费产品？

(3)你的成本是多少？

(4)你是否愿意接受折扣和允许赊购？

【梁丹的创业故事(八)——确定价格策略】

梁丹的价格策略：通过市场调查和研究，土鸡 1.5～1.75 千克/只，成本 11.5 元/千克，销售价格在 35～45 元/只；龙眼前期 2.5 元/千克零售。

定价原因：和市场上的土鸡价格差不多，首要问题是品牌，需要让顾客相信是真正的土鸡，开始的价格也要定位在土鸡价格。开始大部分由自己来打理，人工成本没有计算在内。

(三)地点

这里主要指选择销售的地点，其选择的好坏决定着消费者是否能够方便的购买到我的产品，购买过程和购买手段的简单与否会影响到顾客对你的产品的选择与否。同一品质的产品，没有哪位顾客会选择舍近求远。

【梁丹的创业故事(九)——选址】

地点选择:生产基地即为销售地点;龙眼大部分上门批发销售,少量农贸市场;后期可开发旅游采摘。

理由:需要节约成本;网络时代可以创新做网上预订销售;龙眼旅游采摘。

(四)促销

这里主要指具体的销售手段,如何让顾客了解并吸引他们购买你的产品或服务。当然还要考虑到为其所付出的成本和有效性。

【梁丹的创业故事(十)——促销】

促销的方式:基地设置广告牌;去基地的路上设置小的广告标语和指示牌;车贴海报;网络宣传(微信、QQ、网络直播);政府宣传;人脉宣传等。

销售方法:批发、零售(为主)。

五、市场预测

企业的利润来源于未来企业产品的销售,顾客是市场的主体,没有顾客就没有销量也即没有利润,企业就要倒闭,这是连锁的。所以在创业之初,就要通过市场调研,预测自己产品的数量、批次和市场需求相适应(表 2-2-3)。

【梁丹的创业故事(十一)——市场预测】

梁丹所租种的山地基本情况:9 亩龙眼果林;8 亩山地养殖区;3 亩自由地。其12 月份顶岗实习期即开始动工,前期 3 个月左右修建房屋等基础设施;通过市场调研后发现,在开张的头几个月活鸡没有销售量;因为是亲戚的龙眼林,本季不发生成本,适时采摘出售即可,7—8 月份销售龙眼果;鸡苗每隔 2 个月买入一批,使其呈现生产梯度,每月成品鸡的销售额在 4 000～5 000 元;9 亩龙眼果在 7—8 月集中销售 50 000 元左右。

任务二　掌握家庭农场的利润分析

一、预测家庭农场生产启动资金

首先，投资者要根据自己的投资及管理能力，确定总建设规模及建设档次；其次，确定投资来源及投资方式，特别是政府是否给予相关的投资扶持；再次，要按照功能区划范围的内容进行投资估算，最后在估算的基础上调整预算。

（一）项目基本情况

农场面积20亩，土地为租种，150元/(亩/年)，5年一租。

建设内容主要包括：养鸡，占地8亩；种植龙眼果，占地9亩；3亩自由地，种一些蔬菜和经济作物，作为自销和鸡饲料；鸡舍150 m^2 和住房建筑30 m^2 以及其他附属工程；需要自引水和电。

项目投资规模及资金构成：上学时勤工俭学和做兼职，积攒了2万元，父母支持5万元，全部自筹。

（二）预测启动资金

启动资金分为投资(固定资产)、流动资金。

投资(固定资产)——是指为企业购买的价值较高、使用寿命长的资产。

流动资金——是指企业日常运转所需要支出的资金。农场在开张后要运转一段时间才能有销售收入，需要足够的流动资金来支付一段时间的费用。这些费用包括鸡苗、饲料、人工费、促销活动、租金等。

【梁丹的创业故事(十二)——预测启动资金】

梁丹通过咨询类似企业鸡的生长规律，对自己创办的农场需要的启动资金进行了估算(表2-2-10)：鸡从买入鸡苗到成品鸡需要6个月左右(不同鸡品种情况不同，因为要生产土鸡，所以时间稍长，肉质较好时出售)；龙眼果每年7—8月份收获。所以她认为农场需要6个月后才能用销售收入来支付企业的费用支出(表2-2-3)。

表 2-2-3 投资(固定资产)预算表

项目			数量	费用(元)
场地及环境设备		住房建筑、鸡舍	2 间(住房、农具仓库)	20 000
		引水入园	—	6 500
		引电入园	—	3 000
生产工具设备	合用	电动农用三轮车	1 辆	3 000
		电子秤	1 台	80
		水泵	1 台	600
	养鸡工具	料筒	10 个	75
		饮水器	10 个	80
		护栏(网)	600 m^2	900
		阉鸡工具	1 套	25
		注射器	1 个	40
	果园工具	修枝剪	1 套	100
		喷雾器	2 台	150
		农具(铲、锄)	套	100
开办费		登记注册和营业执照	—	50
		费市场调查费、咨询费	—	—
投资总额				34 700

备注:本着节约成本的原则,除草机等一些设备先不购买;沿用原有的排灌系统;自由地的平整也没有请工,自己做。

【梁丹的创业故事(十三)——预测流动资金】

为了了解企业流动资金的运转情况,梁丹对6个月的流动资金进行了预算,并填入表 2-2-4 中。

根据表 2-2-3、表 2-2-4 计算出所需启动资金的总额=固定资产投资+流动资金总额=34 700+65 660=100 360 元。这一算,远远超出了梁丹的预期,他们只有 70 000 元的资金,还有 30 360 元的资金缺口,其和亲戚约定租金可在一年内付清即可,另外龙眼在租种前已施过肥,并且想做到生态种养,所以暂时不用药物防治,除掉这一部分,基本上足够前期开张的费用了。她打算在成本核算和现金流量计划时再进一步完善。

表 2-2-4　6 个月流动资金预算表

<table>
<tr><th colspan="2">项目</th><th>费用(元/月)</th><th>前 6 个月成本(元)</th></tr>
<tr><td colspan="2">山地租金</td><td>—</td><td>15 000(5 年 1 次付清)</td></tr>
<tr><td rowspan="8">养鸡费用</td><td rowspan="3">鸡苗
(6 个月后达到 1 500 只规模)</td><td>1 200(第 1 个月)</td><td rowspan="3">3 000</td></tr>
<tr><td>1 000(第 3 个月)</td></tr>
<tr><td>800(第 5 个月)</td></tr>
<tr><td rowspan="3">饲料(视鸡养殖时期而定)</td><td>3 600 元(1～2 个月)</td><td rowspan="3">19 200</td></tr>
<tr><td>6 600 元(3～4 个月)</td></tr>
<tr><td>9 000 元(5～6 个月)</td></tr>
<tr><td>疫苗费</td><td>—</td><td>150</td></tr>
<tr><td>中药</td><td>25</td><td>150</td></tr>
<tr><td rowspan="3">龙眼果费用
(成年果树)</td><td>农药</td><td>1 000 元/年</td><td rowspan="3">14 000</td></tr>
<tr><td>肥料</td><td>27 000 元/年</td></tr>
<tr><td>果苗</td><td>—</td></tr>
<tr><td colspan="2">促销</td><td>100</td><td>600</td></tr>
<tr><td colspan="2">人工费(修剪、采摘、除草、喂鸡等)</td><td>1 800</td><td>10 800</td></tr>
<tr><td colspan="2">水费</td><td>20</td><td>120</td></tr>
<tr><td colspan="2">电费</td><td>40</td><td>240</td></tr>
<tr><td colspan="2">交通费</td><td>200</td><td>1 200</td></tr>
<tr><td colspan="2">保险</td><td>—</td><td>—</td></tr>
<tr><td colspan="2">维修费</td><td>—</td><td>—</td></tr>
<tr><td colspan="2">其他费用</td><td>200</td><td>1 200</td></tr>
<tr><td colspan="3">流动资金总额</td><td>65 660</td></tr>
</table>

二、为家庭农场进行成本核算

家庭农场作为一类企业，也会存在成本，即用于生产和销售产品的所有支出。企业能否存活在于经营成本的控制能力，成本控制不好往往会让企业陷入资金链断裂等财务困境。成本核算是一种计算成本的方法，可以帮助我们的企业制定合理的价格，尽可能降低经营的风险。

经营成本一般包括 2 类：直接成本(直接材料成本和直接人工成本之和)和间接成本(为了经营所需的其他成本)。

(一)龙眼果树生产成本核算

1. 9亩龙眼果树的直接成本核算

【梁丹的创业故事(十四)——种植项目直接成本核算】

梁丹考虑到自己的家庭农场属于种养结合类型，因此需要计算龙眼果树生产成本和养鸡成本。目前龙眼果树处于成熟期，一年收获一次，主要的直接成本有肥料、农药、修剪施肥的人工费等(表 2-2-5)。

表 2-2-5　龙眼果总直接成本表

项目	费用(元)
肥料	27 000
农药	1 000
修剪、施肥的人工费	10 800
合计	38 800

2. 龙眼果树的间接成本核算

【梁丹的创业故事(十五)——种植项目间接成本核算】

梁丹家庭农场的龙眼果树主要的间接成本有土地租赁费、管理人员工资、促销费、水电费、折旧费(固定资产都有一定的使用年限，所以需要折旧计入间接成本中)(表 2-2-6、表 2-2-7)

将上述总直接成本和间接成本相加得出一年龙眼果种植的总成本为 44 661 元。每年 9 亩龙眼果总产量为 6 000 千克，由此计算生产 1 千克龙眼的成本为 44 661÷6 000＝7.4 元/千克，因为梁丹的果园都是按照生态种植的方式进行的，主要施用有机肥和生物农药，一部分还要增加人工，所以成本要相对较高，这也是之前预料之中的。因为大学生创业有免税 3 年政策，所以暂时不把增值税计入成本。梁丹决定按成本加利润 35％的办法制定销售价。即产品单价＝7.4×(1＋35％)＝10 元/千克。

表 2-2-6　固定资产折旧表

固定资产类型	使用期限(年)	每年产生的折旧费(元)	备注
住房建筑	20	1 000	其中住房建筑、引水引电入园、三轮车、电子秤和水泵是和养鸡生产共用的，所以以1/2的折旧费计入龙眼果生产间接成本中，养鸡生产也按此方法计算。
引水入园	20	325	
引电入园	20	150	
电动农用三轮车	10	300	
电子秤	5	7.5	
水泵	10	60	
枝剪	5	20	
喷雾器	3	50	
农具(铲、锄)	10	10	
合计	—	1 922.5	

表 2-2-7　龙眼果生产间接成本表

项目	费用(元/年)
山地租金	1 500(和养鸡共用，已减半)
水电费	360(和养鸡共用，已减半)
交通费	1 200(和养鸡共用，已减半)
促销	600
管理人员工资	—
折旧费	1 001.5
其他费用	1 200
合计	5 861.5

(二)养鸡生产成本核算

1. 养鸡的直接成本核算

【梁丹的创业故事(十六)——养殖直接成本核算】

梁丹家庭农场的土鸡养殖6个月出栏，她以一批成品鸡(600只)收获为例，计算其总的直接成本(表2-2-8、表2-2-9)。

表 2-2-8　养鸡总直接成本表

项目	费用(元)	项目	费用(元)
鸡苗	1 200	中药	50
饲料	3 600	人工费	5 400
疫苗费	75	合计	10 325

表 2-2-9　固定资产折旧表

固定资产类型	使用期限(年)	每年产生的折旧费(元)	每月的折旧费(元)	备注
住房建筑	20	1 000	83	其中住房建筑、引水引电入园、三轮车、电子秤和水泵是和养鸡生产共用的,所以以 1/2 的折旧费计入养鸡生产间接成本中。
引水入园	20	325	27	
引电入园	20	150	12.5	
电动农用三轮车	10	300	25	
电子秤	5	7.5	0.6	
水泵	10	60	5	
料筒	5	15	1.25	
护栏(网)	5	180	15	
注射器	5	8	0.66	
合计	—	2 045.5	170.01	

2. 养鸡的间接成本核算

【梁丹的创业故事(十七)——养殖间接成本核算】

梁丹家庭农场的养鸡主要的间接成本有土地租赁费、管理人员工资、促销费、水电费、折旧费(固定资产都有一定的使用年限,所以需要折旧计入间接成本中),以 6 个月计。

将上述总直接成本和间接成本相加得出一年龙眼果种植的总成本为 13 325 元。600 只成品鸡按每只 2 千克计算,总产量为 1 200 千克,由此计算生产 1 千克的成本为 13 325÷1 200=11.1 元/千克。因为刚开始只是她一人和男朋友共同创业,所以未将工资计入,如果按照月薪 2 000 元/人,计入养鸡成本中,则生产 1 千克的成本为 31.1 元/千克;另外大学生创业有免税 3 年政策,所以暂时不把增值税计入成本;又参考市场土鸡价格,梁丹决定按成本加利润 50%的办法制定销售价。即产品单价=31.1×(1+50%)=46 元/千克。

表 2-2-10　养鸡间接成本表　　元/半年

项目	费用	项目	费用
山地租金	750(和养鸡共用,已减半)	管理人员工资	—
水电费	180(和养鸡共用,已减半)	折旧费	570
交通费	600(和养鸡共用,已减半)	其他费用	600
促销	300	合计	3 000

三、利润分析

在创办自己的企业时,需要注意我们创办的目的是要盈利,不要因为出现资金链断裂而导致创业失败。所以,在创办之前,要对利润进行预测。利润来自销售收入减去经营成本。销售与成本计划使你既看到销售也看到成本,并对你的利润一目了然,知道企业是否在盈利。

【梁丹的创业故事(十八)——利润分析】

梁丹在之前做过了市场调查,已经对销售额做了预测,但那只是粗略的计算,现在我们应该按照一定的步骤对上述的预测进行核实。

龙眼果在7—8月集中售完;鸡分3批饲养,6个月为成品鸡后在半年内销售完(表 2-2-11 至表 2-2-14)。

表 2-2-11　龙眼果销售计划及收入预测表

项目	月份											
	1	2	3	4	5	6	7	8	9	10	11	12
销售数(千克)							2 000	4 000				
产品单价(元)							10	10				
销售收入(元)							20 000	40 000				

表 2-2-12　土鸡销售计划及收入预测表

项目	月份											
	1	2	3	4	5	6	7	8	9	10	11	12
销售数(只)							40	80	120	120	120	120
产品单价(元)							92	92	92	92	92	92
销售收入(元)							3 680	7 360	11 040	11 040	11 040	11 040

表 2-2-13 龙眼果成本计划与利润分析表

单位:元

项目		月份												
		1	2	3	4	5	6	7	8	9	10	11	12	合计
销售	税前销售收入							20 000	40 000					
	增值税							—	—					
	销售净收入							20 000	40 000					
成本	肥料	2 250	2 250	2 250	2 250	2 250	2 250	2 250	2 250	2 250	2 250	2 250	2 250	
	农药	83	83	83	83	83	83	83	83	83	83	83	83	
	人工	900	900	900	900	900	900	900	900	900	900	900	900	
	租金	125	125	125	125	125	125	125	125	125	125	125	125	
	促销活动	50	50	50	50	50	50	50	50	50	50	50	50	
	水电费	30	30	30	30	30	30	30	30	30	30	30	30	
	交通费	100	100	100	100	100	100	100	100	100	100	100	100	
	保险													
	维修费													
	折旧费	83.5	83.5	83.5	83.5	83.5	83.5	83.5	83.5	83.5	83.5	83.5	83.5	
	其他	100	100	100	100	100	100	100	100	100	100	100	100	
	总成本	3 721.5	3 721.5	3 721.5	3 721.5	3 721.5	3 721.5	3 721.5	3 721.5	3 721.5	3 721.5	3 721.5	3 721.5	
利润		−3 721.5	−3 721.5	−3 721.5	−3 721.5	−3 721.5	−3 721.5	16 278.5	36 278.5	−3 721.5	−3 721.5	−3 721.5	−3 721.5	15 342

表 2-2-14 养鸡成本计划与利润分析表

单位:元

项目		月份												
		1	2	3	4	5	6	7	8	9	10	11	12	合计
销售	税前销售收入							3 680	7 360	11 040	11 040	11 040	11 040	
	增值税							—	—	—	—	—	—	
	销售净收入							3 680	7 360	9 200	9 200	9 200	9 200	
成本	鸡苗	1 200		1 000		800								
	饲料	1 800	1 800	3 300	3 300	4 500	4 500	4 500	4 500	4 500	4 500	4 500	4 500	
	疫苗和中药	10.5	10.5	10.5	10.5	10.5	10.5	10.5	10.5	10.5	10.5	10.5	10.5	
	人工	900	900	900	900	900	900	900	900	900	900	900	900	
	租金	125	125	125	125	125	125	125	125	125	125	125	125	
	促销活动	50	50	50	50	50	50	50	50	50	50	50	50	
	水电费	30	30	30	30	30	30	30	30	30	30	30	30	
	交通费	100	100	100	100	100	100	100	100	100	100	100	100	
	保险													
	维修费													
	折旧费	95	95	95	95	95	95	95	95	95	95	95	95	
	其他	100	100	100	100	100	100	100	100	100	100	100	100	
	总成本	4 410.5	3 210.5	5 710.5	4 710.5	6 710.5	5 910.5	5 910.5	5 910.5	5 910.5	5 910.5	5 910.5	5 910.5	
利润		−4 410.5	−3 210.5	−5 710.5	−4 710.5	−6 710.5	−5 910.5	−2 230.5	1 449.5	5 129.5	5 129.5	5 129.5	5 129.5	−10 926

从上述2个销售计划表中，发现租种20亩山地进行龙眼林下养鸡项目，两者1年的纯利润为4 308元，也就是说1年后基本能够达到收支平衡，这是在保守估计销售量（备注：第1年前半年养鸡没有收入）和创业初市场尚未完全打开的基础之上得出的结论。梁丹通过对市场和竞争对手的调查发现，生态种养结合的模式基本上保持在1年亏本，2年持平，3年盈利的发展规律。所以这样的计划基本符合创业初的情况。

四、创业现金流量计划

资金链断裂常常是缺乏管理经验的业主所遭遇的，导致企业经营中途失败。制订现金流量计划让你清楚了解企业每个月会有多少现金流入和流出。它将帮助你及时了解现金的流量，使你能及时调整销售策略，加快资金周转速度，使你的企业在任何时候都不会出现现金短缺的威胁。

【梁丹的创业故事（十九）——现金流量计划】

现在梁丹手上持有7万元创业基金，为了更明确地知道以后每个月的现金流动情况，以便做出应对的措施，我们需要拟定一个现金流量计划表（表2-2-15）。

计算得知，梁丹存在3万多的资金缺口，极有可能在未有产品之前出现资金断裂，通过计算，我们在表格中看到，因为前期的房屋等固定资产的一次性投入和5年租金的一次性给付，在运营4个月后，因没有产品产出，此时有15 000元的资金缺口，这是在创业之初就已经考虑到的，所以，梁丹在开办之初就已经想到了一些解决的办法：(1)依靠亲戚关系，延缓土地租金的缴纳；(2)一些固定资产可以在后期不断补入，只需将房屋建筑、鸡舍围栏设置好，达到基本的生产条件；(3)降低人工的利用，主要依靠自己的力量；(4)适当缩小规模，能够维持日常开支即可。到7—8月份龙眼果上市，资金又可回笼，保证了资金的持续供给，维持家庭农场的收支平衡。

表 2-2-15 现金流量计划表

单位:元

项目		月份											
		1	2	3	4	5	6	7	8	9	10	11	12
现金流入	月初现金	70 000	29 846	25 592	12 088	6 334	−1 420	−15 124	1 604	35 260	39 346	43 432	47 518
	龙眼现金销售收入							20 000	40 000				
	土鸡现金销售收入							3 580	7 360	11 040	11 040	11 040	11 040
	销售总收入							23 680	47 360	11 040	11 040	11 040	11 040
	现金流入总额	70 000	29 846	25 592	12 088	6 334	−1 420	8 558	48 964	46 300	50 386	54 472	58 558
现金流出	肥料			6 750			6 750		6 750				6 750
	农药	83	83	83	83	83	83	83	83	83	83	83	83
	租金												15 000
	鸡苗	1 200		1 000		800							
	饲料	1 800	1 800	3 300	3 300	4 500	4 500	4 500	4 500	4 500	4 500	4 500	4 500
	疫苗和中药	10.5	10.5	10.5	10.5	10.5	10.5	10.5	10.5	10.5	10.5	10.5	10.5
	人工	1 800	1 800	1 800	1 800	1 800	1 800	1 800	1 800	1 800	1 800	1 800	1 800
	促销活动	100	100	100	100	100	100	100	100	100	100	100	100
	水电费	60	60	60	60	60	60	60	60	60	60	60	60
	交通费	200	200	200	200	200	200	200	200	200	200	200	200
	固定资产投入	34 650											
	其他	200	200	200	200	200	200	200	200	200	200	200	200
	开办费	50											
	现金流出总额	40 154	4 254	13 504	5 754	7 754	13 704	6 954	13 704	6 954	6 954	6 954	28 504
月底现金		29 846	25 592	12 088	6 334	−1 420	−15 124	1 604	35 260	39 346	43 432	47 518	30 054

练一练

按照上述解决办法，将固定资产的投入分2年完成，租金延缓分批缴纳，制订现金流量计划。

任务三　如何防范家庭农场的风险

一、风险

（一）自然风险

农民每年获得的粮食收成往往同当年的自然灾害情况紧密相关。农民收入依赖于从自然界获取的劳动成果，但农业基本无法避免自然风险，只能通过避灾救灾减少影响。自然灾害的频发性及不确定性、广泛性及地域性等特性，使自然风险成为最难以控制的一种农业风险。

龙眼林作为果树也无法避免自然灾害，例如：广西龙眼的花芽分化期处于春季气温回升时期，温度的升高容易引发“冲梢”现象，如若冬季温度居高不下，高温使龙眼营养物质消耗过量，引起来年花芽分化不良，结果率下降。广西每年7—8月份台风较多，雨水增加，造成龙眼落果、品质差。

（二）动植物疫病风险

动植物疫病的发生存在多种原因，类似于细菌传播及环境变化等因素都会影响动植物疫病发生。因动植物养殖及种植存在规模性及集中性，该种风险往往具有区域性的特点，一旦疫病发生传播速度及影响力则难以控制。

众所周知的禽流感疫病，是一种流行于鸡群中的烈性疾病，但其疫病病毒已经蔓延到人类自身，对社会经济发展造成的损失及危害难以估量。放养鸡虽然体质较笼养鸡健壮，但也只是死亡率低、普通病较少而已，对传染性疫病同样易感，重要传染病防疫的遗漏往往会导致功亏一篑。

（三）市场风险

市场风险不论工业农业均要面对，但农业的市场风险更残酷，这是因为农产品的一些特殊属性决定的。由于农产品多为鲜活农产品，所以保质期十分短暂，必须在收获时节的极短时间内出售，否则可能腐烂变质一文不值。即使那些保质期长的农产品与工业品的保质期相比，也是差距甚远。于是就形成了农产品常见的难卖问题，一到集中收获季节，往往量大价跌，供大于求，不仅效益下降，而且浪费惊人。

近几年禽流感每年都不同程度地爆发，引发人们的恐慌，进而禽类市场低迷、价格低，加之饲料价格逐年上涨，很多养殖户都赔了钱。

（四）制度风险

制度风险是系统性的，家庭农场个体一般无法应对，常见的就是政策的变动。如在前些年政策还比较宽松的时候，畜牧养殖场是可以建在基本农田的，当地的政府也是允许的，甚至还有鼓励政策，但随着国家土地政策的日趋严格，基本农田的畜牧养殖场是不允许建立的，已经建立的只有拆除，这个损失对养殖场显然是巨大的；再如，一些地方为发展地方经济而鼓励的小型产业项目，承诺有优惠政策，也宣布有订单保障，但往往随着地方领导变迁，可能人走政息。再如大学生创业免息贷款，但其要求的条款众多，初创业者很难得到贷款。政策难以落实，订单更无从谈起，参与项目者损失惨重。

（五）社会风险

这个风险过去叫农民的道德风险，是由于农民对于市场经济规则的不懂不问、不遵不守而引发的，常见的是土地流转纠纷。对多数的家庭农场而言，自有土地是少数，更多的土地靠流转，而经营农业的人都知道，土地经营权的长期稳定是投资农业的首要前提。在实际中，因为种种原因，农民突然违约强行收回流转土地的情形屡见不鲜，并引发严重社会事件。最常见的结局往往是当地政府为稳定大局而对农民息事宁人，使规模经营者蒙受损失。更有严重的，农民在规模经营者经营状况明显改观之际，公然哄抢或破坏，更是法难责众。

二、如何规避

（一）参与农业保险

采取农业技术措施参与农业保险是预防自然风险及动植物疫病风险的最优措施。虽然国家的政策性农业保险制度还在完善，但已经提供了基本的风险保障。各地方政策推出的同时，也有部分提供了农业保险政策，并积极提倡当地保险公司设计出适合家庭农场生产的保险产品。对于生产规模较大，生产种类较为集中的家庭农场,应适当根据当地政府对农业保险的政策来参保。此外,一些农业技术措施也可起到缓解作用,如近年苹果产区发展较快的防雹网建设,一次性投入较大,但防范冰雹的能力明显提升。在动植物疫病风险的防控上,主要是严格的技术管理和持之以恒的严密防控心态,一旦出现麻痹,往往付出惨痛代价。近几年讲的养殖企业"拼管理",其实主要是技术管理,疫病损失越少,养殖效益才能越好,就像足球场上比谁的失误少一样。

(二)改善农业生产环境,合理预测市场需求

在家庭农场生产中,所处的环境也可能成为动植物疫病发展的源头,因此需要引起农户的高度重视。一方面,农户的家庭农场环境需要符合相关规定,并积极进行环境的改善;另一方面,在选择租赁土地时,应尽量避免可能受到工业化污染影响的地区。

减小市场风险,其一,要重视农产品市场分析,尽量保持生产规模稳定发展,避免陷入"丰收陷阱";其二,要加强生产的组织化程度,通过行业协会、订单农业、合作社联合等方式,稳定市场,畅通产后通道,保障收益。

(三)科学选择产业,积极了解地方政策

面对制度风险,需要家庭农场的负责者重视地方产业政策的研究,摆正经营思想,科学选择产业,避免因一时投机取巧而付出沉痛代价。不过,正常的国家优惠政策是应该积极争取的,这是应得的国民待遇,不应拒之不理。

应对社会风险,农户需要多与地方政府询问沟通并积极了解家庭农场相关政策,通过对政策的详尽了解,并结合家庭农场自身发展目标,制定相应决策。在社会风险发生时,要注意和乡村党政力量的沟通,力求矛盾发生时的公正评判。

任务四　成功创办家庭农场

一、掌握创办家庭农场的关键技术

(一)事先了解和掌握家庭农场创办和经营的法规和政策

1. 扶持政策

2014 年中央一号文件纷纷把惠农政策放在重要位置,关于家庭农场的政策主

要有以下几点：

(1)废止农业税，进行农业补贴，废止农业税条例。取消农业税后，全国农民每年减轻负担 1 335 亿元。落实良种补贴、粮食直补、农机具补贴、对农业生产资料价格进行综合补贴和粮食风险基金，每年再逐步提高补贴的标准。

(2)粮食最低收购价制度。放开粮食市场的流通，国家实行最低收购价制度，这项政策保障了农民利益，同时增加了农民种粮积极性，有助于国家粮食安全。

(3)农地确权、宅基地确权，农地入市。增加了农民的财产权利，用 5 年时间基本完成农村土地承包经营权确权登记颁证工作，妥善解决农户承包地块“面积不准、四至不清”等问题。加快推进征地制度改革，提高农民在土地增值收益中的分配比例，确保被征地农民生活水平有提高、长远生计有保障等，农地入市，可抵押贷款，有助于盘活土地。

(4)2014 年养老新政，建立统一城乡养老保险制度。2014 年 2 月 7 日召开的国务院常务会议，决定合并新型农村社会养老保险和城镇居民社会养老保险，建立全国统一的城乡居民基本养老保险制度。大力推行全国统一的社会保障卡，改进管理服务，做到方便利民。

(5)降低农产品流通费用，提高流通效率。降低农产品生产流通环节水电价格和运营费用，规范和降低农产品市场收费，强化零售供应商交易监管，完善公路收费政策，加强重点行业价格和收费监管，加大价格监督检查和反垄断监管力度，完善财税政策，保障必要的流通行业用地，便利物流配送，建立健全流通费用调查统计制度。

(6)农民专业合作社有关税收政策。对农民专业合作社销售本社成员生产的农业产品，视同农业生产者销售自产农业产品免征增值税。增值税一般纳税人从农民专业合作社购进的免税农业产品，可按 13%的扣除率计算抵扣增值税进项税额。对农民专业合作社向本社成员销售的农膜、种子、种苗、化肥、农药、农机等，免征增值税。对农民专业合作社与本社成员签订的农业产品和农业生产资料购销合同，免征印花税。

(7)把基础设施建设和社会事业发展的重点转向农村。把基础设施建设和社会事业发展的重点转向农村。近几年农村的水、电、路、沼气的发展以及教育、卫生、文化等事业的发展是历史上发展最快的阶段，进步非常明显。

(8)制定《中国农村扶贫开发纲要(2011—2020 年)》。制定《中国农村扶贫开发纲要(2011—2020 年)》。这次的扶贫政策有两大亮点：一是大幅度提高了扶贫标准。我国以前的扶贫标准较低，中央经过反复研究之后明确提出，新的扶贫标准一次性提高了92%；二是确定11个连片特困地区作为扶贫攻坚主战场。

2. 农业补贴政策倾斜

2014年中央一号文件明确提出：新增加的农业补贴（财政、税收、用地、金融、保险）要向专业大户、家庭农场、农业合作社倾斜。

财政直补。积极牵线搭桥，千方百计协调各金融机构和涉农保险公司，加大信贷投放，帮助家庭农场拓宽信贷渠道。

资料拓展

农行广西分行营业部认真贯彻落实农总行《关于做好金融支持家庭农场工作的通知》精神，高度重视家庭农场金融服务工作，力促家庭农场建设快速发展。据了解，支持家庭农场等新型农业经营主体是农行顺应现代农业发展趋势，巩固县域主流银行地位的重要举措，也是农行加快推进农户贷款业务经营转型的有效途径。农行广西分行营业部认真学习领会总行、区分行有关金融支持家庭农场等新型农业经营主体的要求，细分当地重点发展产业、优势产业，制定适合本行实际的家庭农场专项金融服务方案，推动农户贷款业务向中高端客户转型。一方面，该部精心选择支持客户对象，及时与当地工商管理部门联系，大力支持经营规模靠前、经营效益好、社会影响力大的家庭农场发展经济；另一方面，该部建立家庭农场贷款监测机制，对家庭农场（专业大户）贷款实行台账管理，落实专人负责家庭农场（专业大户）业务监测工作，强化家庭农场贷款风险管理，确保贷款风险可控。同时搞好金融服务工作，落实工作目标、工作措施，加强奖惩考核，推动农户贷款业务向中高端市场转型，向集约化经营转型，向商业可持续转型。

税收减免：创新担保方式，优惠贷款利率，成立小额贷款担保公司，建立农村资金互助合作，扶持家庭农场主创业。

保险支撑：积极为家庭农场拓展保险品种，提高保险赔付标准，最大限度降低家庭农场经营风险。

用地扶持：要积极探索家庭农场用地入股和抵押，农村不动产或农产品抵押贷款等路径。

资料拓展

1. 中央一号文件提出大力发展家庭农场以来，玉林市工商局共注册登记家庭农场47个。为进一步促进全市家庭农场发展，激发农村新型生产主体活力，玉林市提出了今年重点培育、打造全市示范性家庭农场100个的目标。玉林市工商局发挥职能作用，采取三项帮扶政策助推家庭农场发展。

注册登记实行三放宽。放宽名称登记条件，具备一定土地经营规模的家庭农场申请市场主体资格登记，名称中可以标注“家庭农场”字样；放宽场地证明，家庭农场可以将所在地村民委员会出具的、证明其拥有合法使用权的场所登记为其住所；放宽经营范围，家庭农场经营范围以谷物、蔬菜、水果、园艺作物或其他农作物种植以及水产养殖为主要经营项目，可以种养结合或兼营相应的农场休闲观光服务。

开辟绿色通道，缩短办理时限。对家庭农场的申请全程指导，优先办理，对符合受理条件的，名称预先核准应当场办结，申办个体工商户的应在2个工作日内办结，申办企业、公司的应在3个工作日内办结，而之前的办理时限均为5个工作日。

实行“结对帮扶”制度。深入家庭农场了解情况，积极帮助家庭农场主解决生产和经营中遇到的实际问题，开展“红盾护农”“合同助农”“商标富农”“维权帮农”“经纪活农”等活动，提倡绿色生产、守法经营、创品牌、重信用，为家庭农场发展壮大出谋划策。

2. 农业银行出台了支持家庭农场发展的专项政策，将家庭农场作为“三农”业务重点支持对象。

为支持农业集约化经营和规模化发展，扩大对家庭农场等新型农业经营主体的服务范围，农业银行将加快推进农户贷款业务经营转型，创新抵质押担保方式，扩大抵质押担保物范围，重点围绕家庭农场做好全流程金融服务。

针对家庭农场生产经营特点，农业银行将在前期支持家庭农场工作的基础上，把农户贷款与结算、理财、咨询等金融服务紧密结合，开展金融服务创新，设计专属金融服务方案。

对种植业客户，农业银行将大力支持土地整治和土地流转，稳步开展农村土地承包经营权抵押贷款业务；支持播种机、收割机等大型农机具购置，发展“经销商保证＋本机抵押”组合担保方式，探索小微水利、固定大棚等地上附属设施有效抵押担保方式；支持农产品收购、储运、分销、加工等环节，探索引入电子商务平台，做好农产品网络直销服务。

对养殖业客户，农业银行将加大对有窗式畜牧养殖、网箱式水产养殖等新型养殖设施建造的支持力度，探索开展交易资金托管业务；支持客户灵活用款，对养殖周期较短项目，允许家庭农场客户采取可循环贷款方式；支持订单养殖，推荐、引导家庭农场客户与加工企业客户对接。此外，农业银行将积极为家庭农场安装智能支付终端或POS机，派专人指导协助其办理网上银行、手机银行等支付业务。

为支持家庭农场更好发展，提高农户抗风险能力，农业银行明确，对纳入全流程金融服务的家庭农场客户实行名单制(台账)管理。同时，农业银行将建立多渠道风险补偿机制，积极协调地方政府建立融资性担保公司、风险补偿基金，探索风险共担模式，引导支持家庭农场主参加农业保险和相关财产保险。对信贷资金将封闭运行，防止被挤占挪用。

（二）掌握申请的法定程序

1. 需准备书面材料

(1)专业农场申报人身份证明原件及复印件。

(2)专业农场认定申请及审批意见表。

(3)土地承包合同或经鉴证后的土地流转合同及公示材料(土地流转以双方自愿为原则，并依法签订土地流转合同)。

(4)专业农场成员要有出资清单。

(5)有符合创办专业农场发展的规划或章程。

(6)其他需要出具的证明材料。

2. 家庭农场申请流程

先到村委会、乡(镇)政府对申报材料进行初审，初审合格后报县农委农经部门复审。经复审通过的，报县农业行政管理部门批准后，由其认定其专业农场资格，做出批复，并推荐到县工商行政管理部门注册登记(依照自愿原则，家庭农场可自主决定办理工商注册登记，以取得相应市场主体资格)。具体申报以当地农委、工商局要求为准。

资料拓展

1. 家庭农场注册登记流程(广西桂平市农业局)

依法申请登记的家庭农场应符合以下条件：

(1)家庭农场经营者应具有农村户籍。

(2)以家庭成员为主要劳动力。

(3)以农业收入为家庭收入主要来源。

(4)经营规模相对稳定,土地相对集中连片。

种植业家庭农场:土地租期或承包期应在5年以上,土地经营规模30亩以上,设施农业15亩以上。林业类家庭农场:经营面积100亩以上,林地租期10年以上。养殖业家庭农场:猪、牛、羊年出栏在100头以上,家禽年出栏5 000只以上、蛋禽存栏5 000只以上,奶牛存栏50头以上,龟鳖等名优品种养殖面积5亩以上,网箱养殖面积500 m^2 以上,池塘养殖面积50亩以上。种养结合的综合性家庭农场的各项标准达上述标准的50%以上。

2. 注册营业执照:到桂平市工商行政管理局(或者市行政中心工商局窗口)办理,所需材料如下:

(1)主营人身份证、户口本(包括原件及复印件)。

(2)土地承包或租赁合同等经营土地规模的证明材料。

(3)名称核准等其他材料在窗口办理。

家庭农场注册登记免收注册登记费、验照年检费和工本费。

3. 家庭农场公章:到桂平市行政中心公安局窗口办理。

4. 组织机构代码证:到桂平市行政中心技监局窗口办理。

5. 税务登记证:到桂平市行政中心税务部门窗口办理。

6. 办理银行开户和账号:法人代表持工商营业执照、法人代表身份证和准备开户所在银行(信用社)申请书等进行办理。

(三)如何经营

1. 为什么经营

是为了赶时髦回归自然,锻炼并陶冶身心为主?还是为了投资经济项目以获得预期经济效益为主?或者是兼而有之?目的不同,自然运作方式和过程也不同。如果仅仅是觉得好玩一时头脑发热,最好等清静下来后再考量这个问题,因为即便是觉得好玩的事情,要做好都不是件容易的事情,不仅要有信心、意志,还需要知识、策略及持之以恒的吃苦耐劳精神。

2. 定位及模式选择

如果定位和模式选对了,就会规避投资风险和获得良好收益;否则就得不偿失。

就目前而言，单纯种植粮食，这类项目对于一般的城市人而言，由于缺乏技术支持，进入其中可能会面临不小的困境。如何避免在激烈竞争中缠斗？行业分析人士认为特色农场及带有文化色彩的家庭农场将会有更多的发展机会，在未来5年内，一定会出现有特色的农场连锁品牌。另外，建议经营者在选择项目时多关注政策的变化，尽量选择受政策扶持的项目，这样容易得到更多的资金和技术方面的支持。

确定怎样的定位和模式，需要考量土地所在地域的土壤及气候条件、空间位置、劳动力成本、农业技术及配套条件、投资者意愿、政府补贴及保障政策等因素。针对不同投资者而言，要在充分考量上述因素的前提下，再确定选择以下哪种模式：

一是以农粮作物为主的现代规模化种植业家庭农场；二是多种内容和形式各有侧重的郊区休闲观光型家庭农场；三是以养殖业为主的家庭农场；四是以水产业为主的家庭农场。以上不同类型的家庭农场，都有不同的侧重点和策略。需要根据投资者需求进行专业化研究。

3. 规划和设计

现在绝大多数中国式的家庭农场，都是投资者想起一出是一出，边干边想，边想边干，结果越陷越深而且严重跑偏，最后做了夹生饭，又很难纠偏。其主要原因是从定位到规划、设计、建设各个环节出了问题。家庭农场的规划设计有5大要素：综合定位、功能区划、基础设施布局、消费环境及配套建设和田间建设管护。

4. 投资策略及投资预算

首先，投资者要根据自己的投资及管理能力，确定总建设规模及建设档次；其次，确定投资来源及投资方式，特别是政府是否给予相关的投资扶持（原则上基础设施政府会给予较大的免费投资，周转资金会给贴息投资，这主要取决于项目的专业化规划设计及商业方案如何）；再次，要按照功能区划范围的内容进行投资估算，最后在估算的基础上调整预算。

5. 其他方面

一是要注重项目策划及规划运筹；二是要注重获得政府支持；三是要突出项目重点，不可面面俱到；四是不要忽视投资预算控制，因为不可预见性因素很多；五是不要忽视气候和季节因素，美国多数农庄每年的有效经营期都是半年；六是要广开视野，寻找可靠的专业机构提供服务。

二、掌握家庭农场的营销技术

（一）家庭农场经营策略

如果资金不够雄厚，就做小而美的农场；如果自认资金雄厚，那就尝试做大而全的模式。

1. 树立“农游合一、销售绿色”的经营理念

增强参与性和知识趣味性以便吸引更多的游客。如亲手收获绿色农产品，亲自喂养活泼可爱的小动物，亲自垂钓现做成菜等，挖掘特色，打造精品，增强参与性和知识趣味性，增加农场旅游的吸引力。同时要注重“销售绿色”。

2. 在农场营造生态、文化环境，让顾客能参与其中，体验内容

让生态体验和文化体验紧密结合，以满足顾客远离原生态的自然环境后产生越来越渴望亲近自然的诉求。

3. 全员培训，农场文化理念传播

针对实际情况，加强对从业人员的培训，以规范的服务来引导和促进农场休闲体验活动的开展；充分挖掘和总结地方风土人情及农场的风俗文化，并加强对农场从业人员这方面培训，使农场活动与农场的民俗风情和乡土文化实现有机结合，提高农场的文化品位和服务档次。

4. 搞好配套设施建设，营造良好休闲体验大环境。

从交通入手，提高农庄的通达性，给出周末和节假日到农场的交通线路，并将农场周边的景区及特色农场进行标注介绍，为顾客出游提供方便；从服务条件入手，创建舒适、亲切、自然的服务环境；从整体入手，加强治安和卫生管理，提高从业人员的综合素质，营造山美水美人更美的农场旅游大环境。

（二）营销策略

1. 重视口碑营销

农场经营者运用微博、微信、网站等各种社交手段，激发顾客对农场产品的品质服务及农场形象的谈论和交流，并激励顾客自发地向其周边人群介绍和推荐农场的旅游市场营销方式。

口碑营销从员工做起。为使员工向游客提供满意的服务，农场需要首先把员

工当作自己的顾客，搞好内部营销，使员工掌握必要的服务知识与技能；要对员工进行口碑传播培训，使之掌握相应的知识和技巧；注重收集易于口碑传播的基础信息资料，整理成册并不断更新，通过社交媒体向外推广传播，并使员工能够积极利用信息主动传播。

2. 选择适当的体验营销策略

农场以服务为重心，以产品为素材，在营销推广的过程中，塑造感官体验以及思维认同，吸引消费者的消费行为。

3. 发展多种营销渠道

在不放弃传统营销方式的基础上，积极拓展网络分销渠道。

农场针对顾客喜好，调整现有产品形态，利用社交媒体的特性，通过互动低成本打造品牌，提高知名度。

4. 提供高品质、有特色的产品，并进行产品整合营销

5. 重视农场形象宣传，形成特色，建立完备的农场产品服务体系

农场根据自身的自然和人文条件，设计农场风格，开设活动项目，从环境的布置，到人员的语言服饰，突出农场的形象，或古朴，或现代，从而凸显农场的主题形象，形成独特的品牌特征，加强震慑力。

同时建立起完善的服务体系，用服务维护形象。如通过设置专职农场讲解员，对顾客了解农场、农业知识做一对一讲解，对游客售后服务满意程度的跟踪调查，获取旅游者对农场体验性活动、产品的要求和意见，针对不同年龄、不同层次的顾客建立一个完备的资料库，以便今后在进行市场营销及开发新的体验产品时避免主观性和盲目性。

家庭农场需营造良好家庭农场文化，要充分挖掘当地文化，将文化融合灌输到具体项目中去，项目的规划与农村教育相结合，增加农场休闲体验的科技含量和知识含量；与厚重独特的乡土文化相结合；与差异化的地脉和人脉相结合。

（三）营销策略组合

1. 产品策略

产品的整体概念：

核心产品：基本效用或利益；

形式产品：包装、商标、特色、式样、品质；

期望产品：对属性和条件的期望；

延伸产品：销售服务与保障；

潜在产品：指示可能的发展前景。

消费者对农产品有哪些方面的追求？安全、口味、形象、健康、品牌、方便等。

营销需要联合：怎么种出来的？你能送过来吗？我能来摘吗？

2. 渠道策略

营销渠道：某种产品和服务在从生产者向消费者转移过程中，取得这种产品和服务的所有权或帮助所有权转移的所有组织和个人。

用什么样的通路为顾客提供你的产品或服务。农产品销售形式主要有以下几种形式：直销、代理销售、经纪人、农超对接、网络销售、农业合作社等。

3. 价格策略

农产品定价的方法：成本导向定价法；需求导向定价法；竞争导向定价法。

影响农产品定价的因素：定位、成本、利润、竞争、渠道商的利益等。

农产品的定价策略：折扣定价策略、地区定价策略、心理定价策略、差别定价策略、新产品定价策略、产品组合定价策略、季节性定价策略。

农产品的价格策略应尽可能灵活和薄利多销为主。

4. 促销策略

农产品的促销手段：试吃、观光休闲、采摘节、分级销售、参加展销会、农博会、产品评比、创业故事宣传、文化宣传和公关营销等。

5. 体验营销策略

创新农产品的生产和包装、与休闲农业观光旅游的发展相结合、科学设计农产品在零售终端的产品陈列、通过促销为消费者创造知觉体验、通过文化宣传为消费者创造感觉体验。

6. 精准营销策略

定位精准；客户选择精准；产品精准；传播与服务精准。

7. 新媒体的网络营销

网络、微博、微信、论坛、手机。

8. 品牌营销策略

生产企业、农场品牌策略；产品品牌策略；销售品牌策略和区域性品牌策略。

三、掌握成功实现家庭农场创业应注意的问题

（一）存在问题及成因

1. 存在问题

(1)组织松散、经营管理水平不高。受传统小农经济的影响，我国各地家庭农场普遍存在着组织松散、经营管理不善的缺陷。不少农户对家庭农场的概念不清，家庭农场主缺乏相应的科学技术，文化素质低，对家庭农场缺乏科学管理。

(2)融资困难。尽管现在农村金融体系发展较快，但由于农业投资周期较长，资金周转慢，农业生产自然风险大，加之融资渠道不畅通，家庭农场在扩大规模、更新机器设备、聘请农业专家等方面融资困难。资金短缺问题已严重阻碍家庭农场向前发展。

(3)土地流转不规范，土地产权不明晰。家庭承包经营土地制度使一些地区出现农业用地闲置和浪费，对土地产权认知模糊不清，致使大多数农民并不愿意出租土地，加之在土地流转过程中，不少企业以土地兼并的方式损害了部分农民的利益。土地流转与产权问题使得家庭农场难以获得稳定、足够的土地进行规模经营。

2. 成因分析

(1)有知识、懂技术、会经营的新型家庭农场主的短缺。工业化、城镇化的推进使得我国农村大量青壮年劳动力外出就业，农村适用人才和新型农民大量短缺，留守老人、妇女和孩子的决策能力、信息采集能力、管理能力明显不足，有知识、懂技术、会经营的新型家庭农场经营主体短缺，致使家庭农场经营管理水平低。

(2)社会各阶层支持力度不够。发展家庭农场必须要有足够的资金支持，政策支持。作为新兴事物，我国家庭农场的发展主要依靠政府的资金扶持和政策保护。企业、民间组织、个人等资金支持力度并不高，导致家庭农场资金来源渠道单一，融资困难。

(3)土地流转方面政策、立法不完善。部分地区随意调整承包地致使土地承包关系长久不变的政策未能落到实处；国家关于土地流转方面的政策、立法不够完善，使得不少企业通过擦边球的方式，损害农民的土地权益。如何有效解决土地流转问题是我国未来大力发展家庭农场面临的巨大挑战。

(4)农业社会化服务体系建设不完善。完善的农业社会化服务体系，是发展家庭农场必需的环境条件。我国传统的农业社会化服务体系以提供农业技术推广等

公共服务为主，经营管理的综合服务来源单一，效率低下，不能满足当前家庭农场发展的需要。

3. 解决方法

(1)要找准特色定位，针对当地的农业资源，选择最适合自己发展的种植业或者养殖业，不能拍拍脑袋一哄而上，政府也应做好相应的服务工作，帮助农民找准定位。

(2)管理者要找“内行”。无论是家庭成员，还是请人帮工，“家庭农场”都要让专业的人来做事，没有好帮手，一个对农业一窍不通的城里人是不可能搞好农场的。

(3)要熟悉市场运作，事先就要搭建好销售渠道，避免“谷贱伤农”的情况发生。

(4)要舍得投入基础设施，事先心中要有谋划，对于水利、电力、沟渠等设施要规划，最好做一份计划书，不能“走到哪里黑，就在哪里歇”。

(5)要充分利用好农业政策。2013 年中央一号文件指出，要增加农业补贴资金规模，新增补贴要向主产区和优势产区集中，向专业大户、家庭农场、农民合作社等新型生产经营主体倾斜。这值得农户关注。

项目三

中草药养生凉茶店的创办分析

知识目标

1. 了解中草药养生凉茶店市场行情。
2. 掌握中草药养生凉茶店财务分析。
3. 了解中草药养生凉茶店行业风险。

技能目标

1. 能够开展中草药养生凉茶店行业市场行情调研。
2. 学会为中草药养生凉茶店经营企业进行财务分析。

【李乐的创业故事(一)——产生企业想法】

李乐,广州某高校大一学生,已经完全适应了丰富多彩的大学生活,除了学习,其他时间都被各种活动塞得满满的。刚开始他还是比较享受这样丰富多彩的生活,交到了一些志同道合的朋友,也养成了一些善于观察周围的好习惯。一天,与朋友一起到校内的一家凉茶铺喝茶,发现凉茶铺的生意很不错,这引起了他的注意。后来,他有意无意地经常到校内的2家凉茶铺喝茶,一边喝一边与老板、员工聊天,让他了解到凉茶铺是一个赚钱的好项目,从此萌生了"赚点零用钱"的想法。

任务一　中草药养生凉茶市场行情分析

一、需要了解的中草药养生凉茶市场行情

有市场是一个行业发展的前提和基础。要想从事某一行业的创业活动,就要

了解这一行业是否有市场机会。首先要收集历史数据，了解该行业的发展历史、发展方向和趋势，做深入的市场行情分析后，才能做出下一步的投资决定。

特别提醒：不能光看到别人做得好、听别人说这个项目不错等市场表象而贸然创业，更不能凭想象试试看，这样的创业容易失败。

（一）中草药养生凉茶市场前景怎么样

1. 需要了解的中草药养生凉茶市场内容

要创业先要了解市场前景，这是大部分创业者都明白的问题。但要了解什么？怎样了解？李乐需要先了解中草药养生凉茶市场前景是怎么样的。他罗列出需要了解的内容：

(1)中草药养生凉茶发展的历史沿革和发展趋势？

(2)中草药养生凉茶的主要经营范围在哪里？

(3)中草药养生凉茶与当下流行的“可口可乐”等碳酸饮料对比，优势在哪里？

2. 收集中草药养生凉茶市场信息的方法

查阅文献法。通过查阅历年行业市场调研及发展趋势分析报告，了解行业发展方向及业务主要拓展范围，了解业内竞争情况。

【李乐的创业故事(二)——开展市场调查】

随后，李乐开始留意中草药养生凉茶市场，利用自身参加各种活动能接触到各专业学生的便利条件，一边查阅文献资料了解中草药养生凉茶行业情况，一边有意向周围同学了解他们对中草药养生凉茶的需求情况。

通过调查李乐了解到，东晋道教学者、医药学家葛洪是凉茶的始祖，他研发了岭南文化底蕴深厚的凉茶，其配方、术语一直沿用至今，历史悠久。凉茶是中草药植物性饮料的通称，在清热解毒、祛风除湿等方面具有显著功效。现在所说的凉茶是指广东凉茶，是由王泽邦于 1828 年始创的王老吉凉茶发展而来的，在世界各地的华人中流行 170 多年，可算是清热、解毒、美颜饮品的先驱，更是岭南文化的独特代表。自 2006 年凉茶“申遗”成功，使凉茶迎来首个高速发展期，一举超过“可口可乐”在中国内地的产销量，而“王老吉”毫无疑问成为凉茶行业的龙头老大。相关数据显示，中国饮料行业近 10 年来，产量增速保持在 10%～20%之间。

李乐在大学所学的专业是中药资源与开发，进入大二后学习了更多的中药资源方面的知识，加深了对凉茶行业文化的认同感。再加上市场调查所了解到的信息，他认识到人们的保健意识在增强，茶饮料越来越受到人们的青睐，让李乐更加坚定了开办自己的一家凉茶店的想法。

（二）凉茶销售渠道有哪些

经过市场调查，李乐了解到中草药养生凉茶的种类繁多，品牌林立，一下犯难了，不知道该选择哪种品牌来经营。为了理清品类，以便做出品牌选择，李乐做了以下的调查工作：

(1)中草药养生凉茶的品牌有哪些(包括本地品牌)？

(2)他们的各自都有哪些产品？产品的特点(功能)是什么？质量如何？是否经常有新品推出(即新品研发能力如何)？

(3)他们的营销模式是怎么样的？

(4)他们的消费群体是哪些人？有自己的固定消费群体吗？

(5)他们的价格如何？

【李乐的创业故事(三)——产品选择】

明确自己的创业构思以后，李乐开始马不停蹄地了解市场上的各种中草药养生凉茶品牌。但不久后，因为时间和资金的问题，开始力不从心了。李乐想，大学创业光一个人干是不切实际的，得找人合伙才行。于是，他拉上2个志同道合的朋友入伙。他们发现：中草药养生凉茶的种类繁多，品牌林立，以广东凉茶为主；2006年入选“国家级非物质文化遗产”的中草药养生凉茶企业有21家54个配方；种类中有包装凉茶、现煲凉茶、袋泡凉茶等；中草药养生凉茶市场的营销模式有直营、代理分销、连锁加盟、个体零售经营等模式。近年来，市场竞争激烈，包装凉茶、固体凉茶占有很大的市场份额，中草药养生凉茶品牌开始琢磨新的营销模式，找准定位，以满足消费者需要为根本，以不同方式占据市场份额，如黄振龙中草药养生凉茶继续推进凉茶铺现代化经营，中草药养生凉茶开展渠道精准重建，推出中草药养生凉茶的定制营销模式。他们都有自己的产品定位和固定消费群体。3个人又对校园外周边的中草药养生凉茶铺进行了一番调研，得到了第一手的资料。

他们对调查结果进行了分析，考虑到大学城的地域人口以大学生为主，决定加盟一家趋向历史悠久、实力雄厚，产品研发能力强，产品趋于年轻化、时尚化、现代化的中草药养生凉茶连锁公司，做校内学生生意。

（三）了解你的竞争对手

1. 了解竞争对手的有关信息

正所谓“商场如战场”，只有知己知彼方能百战百胜。为详细了解竞争对手，李乐罗列了一份需要了解的内容清单：

(1)他们的产品种类有哪些？主打产品是什么？

(2)他们的产品价格如何？

(3)他们的产品质量如何？

(4)他们提供额外服务吗？如外卖。

(5)他们的优势和劣势是什么？

2. 了解竞争对手的方法

收集竞争对手信息的难度要比收集顾客信息大得多，稍有不注意就会被竞争对手识破，带来更加严密的信息泄露防范，以及把你当成潜在的竞争对手，提前采取打击“新手”措施，如价格战略等。

【李乐的创业故事(四)——了解竞争对手】

李乐的竞争对手是已经在校内经营有2～3年的2家茶铺、校内经营包装凉茶类饮品的小商店、校外1公里以内的其他饮品店。在创业初期，校内的2家茶铺是主要竞争对手。为全面了解竞争对手信息而又不惊动到他们，李乐的做法是：

实地调研。一是考察营业基本情况。与合伙人分工合作，分不同时段全天候蹲守在茶铺店外隐蔽处，观察和了解进出校内2家茶铺的人流量、性别、所消费的产品种类、数量、产品价格等信息，时间为一周。估算出2家茶铺一个月的营业额。二是考察环境条件。进店观察店铺环境、卫生、服务等软环境情况，并对其进行评估。

（四）确定你的客户群

顾客是创业的根本，以合理的价格向他们提供他们需要和想要的产品，让他们满意，进而成为企业的回头客，拥有自己的固定消费群体是提高销售额和利润的关键。

1. 了解顾客信息

在校内创业园开店，校内大学生是主要消费群体，是李乐中草药养生凉茶店的潜在顾客。大学生群体的特点是追求时尚，而中草药养生凉茶是一种相对传统的饮品。要想了解中草药养生凉茶产品在大学生中的需求信息，李乐需要了解潜在客户的以下信息：

(1)顾客是男生还是女生？

(2)顾客想要购买什么产品？

(3)为什么顾客购买某种特定的产品？

(4)顾客愿意以什么样的价格消费产品？

(5)顾客是否在寻找有特色的产品？

2. 收集顾客信息的方法

调查问卷法。收集顾客信息的方法多种多样，调查问卷法是市场调研常用的方法。

【李乐的创业故事(五)——了解顾客信息】

为了更精确地了解校内中草药养生凉茶市场容量，李乐做了以下工作：

设计一份简单的调查问卷，抽样调查潜在顾客，了解潜在的总体市场容量。收集潜在顾客的信息，如性别、产品需求、支付能力等。他了解到男女顾客比例基本一致，他们愿意支付2～3元消费凉茶、奶茶类饮品，愿意支付5～6元消费甜品类饮品。他们认为现在校园内的此类产品价格偏贵、品种单一，甜品类偏少。

二、发现和把握中草药养生凉茶饮品市场的方法

（一）中草药养生凉茶饮品市场调研

通过故事(一)至故事(五)的学习，我们了解到开展市场调研的几种方法及其作用：

(1)查阅文献法。了解行业发展方向和趋势，是否符合国家对行业的支持发展方向。只有符合国家政策的行业才能走得更远。如上所述，2006年凉茶被列入第一批"国家级非物质文化遗产"，其"身份"受到国家的法律保护。那么，从某种程度上来讲，凉茶消费也是一种文化消费，大大提升了凉茶的地位，市场异常看好。

(2)问卷调查法。问卷调查法是市场调研常用的方法，用于选项中的市场调研，收集产品、顾客、竞争对手、营销模式、市场容量、可能的市场细分等相关资料信息。

(3)实地调研法。这是了解竞争对手最直接的调查方法,数据真实可靠,具有重要的参考依据。

【李乐的创业故事(六)——市场预测】

根据前面的选项评估和市场调研,李乐得出结论:校内的市场容量大概为5%。测算竞争对手2家茶铺目前占据了校内50%的市场份额,20%的市场份额被小商店占去,另外有30%的市场份额被校外的其他饮品店瓜分,而这部分顾客消费的大多是奶茶、甜品类产品。

他预测:校内学生12 000人,每天总体市场容量为600人,前2家茶铺占据300人,小商店120人,校外市场180人。李乐判断:在校内开凉茶店有较大的市场潜力。他有信心在6个月内先争取到2家茶铺以外的50%顾客,即150人左右,达到前2家凉茶铺的平均水平。他计划第1个月平均每天销售30杯,第2个月每天销售50杯,第3个月每天销售70杯,第4个月每天销售100杯,第5个月每天销售120杯,第6个月每天销售150杯。在大三实习时,李乐的创业团队终于申请到学校的创业园店面,准备在校园内卖中草药养生凉茶了。

(二)中草药养生凉茶饮品市场预测

(1)文献资料预测法。根据第三方投资咨询公司做的历年中草药养生凉茶行业市场调研及发展趋势分析报告来了解行业发展方向及业务主要拓展范围,了解业内竞争情况,预测整体市场容量及发展趋势。这是对整体市场最可靠的预测参考依据。

(2)调研预测法。常用问卷调查法对项目所处的区域进行区域市场调研,用于了解本地区的市场容量、顾客群体、竞争对手,作为项目选址依据,避开竞争,开辟属于自己的市场。实地调研法常用于调查竞争对手的方法,从而做出可能的市场细分分析,争取到潜在的顾客。

练一练

1. 你的企业构想是什么?公司名称:________________。

2. 请你根据所学知识拟定一份调查问卷(或表),开展市场调研活动,并写出一份你拟经营产品的市场调研报告(请注意调研的范围、内容、对象等)。

任务二　中草药养生凉茶饮品店创业效益分析

一、估算中草药养生凉茶饮品店创业资金

启动资金分为投资(固定资产)、流动资金。

投资(固定资产),是指为企业购买的价值较高、使用寿命长的资产。

流动资金,是指企业日常运转所需要支出的资金。凉茶店在开张后要运转一段时间才能有销售收入,需要足够的流动资金来支付一段时间的费用。这些费用包括进货、做促销活动、支付租金、支付工资等。

【李乐的创业故事(七)——预测启动资金】

虽然李乐经过市场调查知道中草药养生凉茶是有市场的,但是对于所需要的启动资金是多少,产品价格定位在多少才能使企业正常运转等问题还不是很清晰。李乐及2个合伙人每人向家人拿了10 000元做启动资金,总共30 000元。接下来他们需要对中草药养生凉茶店的启动资金进行估算,看看资金是否够了。他们一起讨论列出需要购买的东西及单价成本,预计成品进货价平均为1.5元,并且预算在3个月后才能达到收支平衡,需要有足够的资金支撑过3个月。在估算工资时,他们决定给自己和一名全职员工每人支付900元/月。

根据表2-3-1、表2-3-2计算出所需启动资金的总额=固定资产投资+流动资金总额=21 460+23 170=44 630元。这一算,远远超出了李乐的预期,他们只有30 000元的资金,还有14 630元的资金缺口,这样能顺利创业吗?他们觉得,流动资金的算法可能有问题。首先,这是假设前3个月没有任何销售收入的情况,不能体现资金流动情况;其次,有些费用可能被遗漏了。他们打算在成本核算和现金流量计划时再进一步完善。

表2-3-1　投资(固定资产)预算表

项目		数量	费用(元)
加盟费等	加盟费	—	5 000
	保证金	—	10 000
	管理费	1年	1 500

续表 2-3-1

项目		数量	费用(元)
场地及环境设备	店面装修	——	1 000
	灭火器	1 瓶	100
	电风扇	2 台	140
生产工具设备	冰柜	2 台	2 000
	封口机	1 台	200
	桌子	3 张	450
	椅子	12 张	360
	铝桶	20 个	600
	勺子	20 个	60
开办费	登记注册和营业执照费	—	50
	市场调查费、咨询费	—	—
投资总额		21 460	

表 2-3-2　3 个月流动资金预算表

项目	费用(元/月)	前 3 个月成本(元)
店面租金	1 500	4 500
商品进货	1 350(第 1 个月)	6 750
	2 250(第 2 个月)	
	3 150(第 3 个月)	
打包材料(纸杯、纸碗、塑料勺子)	200(第 2 个月)	1 000
	300(第 2 个月)	
	500(第 3 个月)	
工资	3 600	10 800
促销活动	20	60
电费、电话费	20	60
保险		
维修费		
流动资金总额	23 170	

二、中草药养生凉茶饮品店创业成本核算

企业能否存活在于经营成本的控制能力，成本控制不好往往会让企业陷入资金链断裂等财务困境。一旦成本大于收入，必然倒闭。那么，产品的成本由哪些构

成呢？企业成本分为固定成本和可变成本。固定成本是指固定投资的成本，可变成本是指买进的产品、在出售的商品以及为售卖商品所提供的服务，另外还有一种特殊成本叫折旧成本，即固定资产不断贬值而产生的成本。

【李乐的创业故事(八)——成本核算】

经过咨询学院知名经济学教授何教授得知，产品成本是产品定价的重要依据。产品成本＝买进时的商品成本价＋固定投资的平均折算成本＋设备折旧费平均折算成本＋其他经营活动产生的成本。确实，李乐他们遗漏了固定资产折旧成本。再则，学校店面只能签 3 年时间；前期的开办费也要摊进成本，计划在 10 个月内回收。李乐所加盟的中草药养生凉茶连锁店，其产品进货价格为 1～2 元，他根据与竞争者的价格比较，决定售价在原来进货价的基础上浮动 100％，即 2～4 元，以此来测算成本。他们进行的成本计算如下(表 2-3-3)：

表 2-3-3　固定资产折旧表　　单位:元

固定资产类型	固定资产金额	每年折旧率	每年产生的折旧费	每月产生的折旧成本
店面装修	1 000	33.3％	333	27.8
电风扇	140	20％	28	63.5
冰柜	2 000	20％	400	
封口机	200	20％	40	
桌子	450	20％	90	
椅子	360	20％	72	
铝桶	600	20％	120	
勺子	60	20％	12	
合计				91.3

前期开办费摊销＝50 元÷10 月＝5 元/月。

这样算下来，第一年每个月提留固定资产和开办费摊销共约 96.3 元(91.3＋5)。这些都要计入产品成本中，再进行成本核算。经计算，李乐得出每杯凉茶的进货价为 1.5 元/杯，一个月销售 4 500 杯凉茶的总成本如下(表 2-3-4)：

产品单位成本＝当月总成本÷产品数量＝12 986.3÷4 500＝2.9 元。因为大学生创业有免税 3 年政策，所以暂时不把增值税计入成本。李乐他们决定按成本加利润 35％的办法制定销售价。即产品单价＝2.9×(1＋35％)＝3.9 元。以平均进价 1.5 元测算，算出来与产品价格在进价基础上上浮 100％，售价 2～4 元的预测基本相符，但属于上限了。制定35%的毛利率低于其他2家茶铺。他们计划取整数4元/杯售卖。

表 2-3-4　成本核算表

成本构成项目	费用(元/月)
店面租金	1 500
产品	6 750
打包材料(纸杯、纸碗、吸管、塑料勺子)	1 000
工资	3 600
促销活动	20
电费、电话费	20
保险	
维修费	
折旧及开办费摊销费	96.3
总成本	12 986.3

三、中草药养生凉茶饮品店创业利润分析

要想知道企业是否有盈利，大概什么时候有盈利，就必须先知道自己按照计划的销售收入和成本如何，做到心里有数。利润来自销售收入减去经营成本。销售与成本计划使你既看销售也看到成本，并对你的利润一目了然，知道企业是否在盈利。当你要开办一家新企业时，你要对企业第1年每个月的利润进行预测。

特别提醒：销售预测不可太乐观，要切合实际，宁低勿高。在企业刚开始运行的几个月内，销售收入不会太高，要达到收支平衡还需要一段时间。

【李乐的创业故事(九)——销售计划与利润分析】

前面李乐团队已经进行了成本核算，也做了销售计划。下面李乐团队要做的就是将销售收入与成本做成一目了然的计划表，预测企业利润情况(表2-3-5、表2-3-6)。

表 2-3-5　销售计划及收入预测表

项目	月份							
	5	6	7	8	9	10	11	12
销售数量	900	1 500	2 100	3 000	3 600	4 500	4 500	4 500
产品单价(元)	4	4	4	4	4	4	4	4
销售收入(元)	3 600	6 000	8 400	12 000	14 400	18 000	18 000	18 000

表 2-3-6　成本计划与利润分析表

单位:元

项目		5	6	7	8	9	10	11	12	合计
		月份								
销售	税前销售收入	3 600	6 000	8 400	12 000	14 400	18 000	18 000	18 000	98 400
	增值税	—	—	—	—	—	—	—	—	—
	销售净收入	3 600	6 000	8 400	12 000	14 400	18 000	18 000	18 000	98 400
成本	店面租金	1 500	1 500	1 500	1 500	1 500	1 500	1 500	1 500	12 000
	产品	1 350	2 250	3 150	4 500	5 400	6 750	6 750	6 750	36 900
	打包材料(纸杯、纸碗等)	200	300	500	550	700	1 000	1 000	1 000	5 250
	工资	3 600	3 600	3 600	3 600	36 00	3 600	3 600	3 600	28 800
	促销活动	20	20	20	20	20	20	20	20	160
	水费、电费、电话费	20	20	20	20	20	20	20	20	160
	保险									
	维修费									
	折旧及开办费摊销费	96.3	96.3	96.3	96.3	96.3	96.3	96.3	96.3	770.4
	总成本	6 786.3	7 786.3	8 886.3	10 286.3	11 336.3	12 986.3	12 986.3	12 986.3	84 040.4
利润		−3 186.3	−1 786.3	−486.3	1 713.7	3 063.7	5 013.7	5 013.7	5 013.7	14 359.6

从销售计划表中，李乐发现确实与他们所预测一样，3 个月才能达到收支平衡。前面在启动资金估算时发现有 14 630 元的资金缺口，现在通过销售计划测算，看来只还差前 3 个月共 5 458.9 元的资金缺口。好在李乐创业团队得到家人的支持，在他们创业之初，家人还是保证每月支付给他们必需的生活费。所以，他们决定前 3 个月先不领工资。这样就可以多出 900×3×3＝8 100 元的流动资金了，可以解决前 3 个月资金不足的问题。

四、校园凉茶饮品店创业现金流量计划

资金链断裂常常是缺乏管理经验的企业主所遭遇的，导致企业经营中途失败。制订现金流量计划让你清楚了解企业每个月会有多少现金流入和流出。它将帮助你及时了解现金的流量，使你能及时调整销售策略，加快资金周转速度，使你的企业在任何时候都不会出现现金短缺的威胁。

【李乐的创业故事(十)——制定现金流量计划】

经过前面的精心筹备，李乐创业团队终于在 5 月份开始营业了。但由于学生在校园里消费都是刷校园卡的，月末才跟食堂结账，而银行方面清账又耽搁一个月，导致未能及时拿到经营收入，李乐的凉茶店在第 2 个月就陷入了资金链断裂的险境。他不明白：做利润分析时明明是可以赚到钱的，为什么会面临资金链断裂呢？

这时，李乐意识到了一个严重的问题：前面他们只做了销售量、成本计划和利润预测，但却没有看出现金流动情况，忽略了现金回笼速度的问题。刷卡消费其实是等同于赊账销售了。为了更明了地知道以后每个月的现金流动情况，以便做出应对的措施，李乐拟了一个现金流量计划表(表 2-3-7)。

经过测算，按照刷卡消费(即赊销)的销售方式经营的话，从第 2 个月开始资金就不足，一直到营业第 6 个月竟然有近万元的资金缺口。这让李乐立即傻眼了。他发现，出现资金缺口是由于以刷卡消费(即赊销)的方式销售，资金回收时间是 2 个月，流动速度过慢而造成的。

面对这种情况，李乐创业团队提出几个解决办法：

(1)改刷卡销售为现金销售。

(2)向银行贷款。

(3)向加盟商赊购。

(4)向亲朋借钱。

经过沟通了解，他们认为：第 2 种方法会增加利息成本，第 3 种方法没有得到加盟商的支持，第 4 种方法会给亲朋带来风险，影响感情，而第一种方法比较实际，可操作。他们决定等到企业转入正轨，并且有能力赊销后再以刷卡方式销售。现在，他们要修改现金流动计划如下(表 2-3-8)：

表 2-3-7　现金流量计划表

单位：元

项目		月份									
		4	5	6	7	8	9	10	11	12	合计
现金流入	月初现金	—	4 040	5 150	7 660	9 970	11 780	14 940	20 050	25 160	
	现金销售	—	3 600	6 000	8 400	12 000	14 400	18 000	18 000	18 000	98 400
	赊账销售	—	—	—	—	—	—	—	—	—	—
	贷款	—	—	—	—	—	—	—	—	—	—
	销售总收入	—	3 600	6 000	8 400	12 000	14 400	18 000	18 000	18 000	98 400
	业主投资	30 000	—	—	—	—	—	—	—	—	30 000
	可支配现金	—	7 640	11 150	16 060	21 970	26 180	32 940	38 050	43 160	—
现金流出	现金采购	—	1 350	2 250	3 150	4 500	5 400	6 750	6 750	6 750	36 900
	赊账采购	—	—	—	—	—	—	—	—	—	—
	工资	—	900	900	900	3 600	3 600	3 600	3 600	3 600	20 700
	店面租金	4 500	—	—	1 500	1 500	1 500	1 500	1 500	1 500	13 500
	打包材料(纸杯、纸等)	—	200	300	500	550	700	1 000	1 000	1 000	5 250
	促销活动	—	20	20	20	20	20	20	20	20	160
	电费、电话费	—	20	20	20	20	20	20	20	20	160
	加盟等费用	16 500	—	—	—	—	—	—	—	—	16 500
	场地及环境设备	1 240	—	—	—	—	—	—	—	—	1 240
	生产工具设备	3 670	—	—	—	—	—	—	—	—	3 670
	开办费	50	—	—	—	—	—	—	—	—	50
	贷款本息	—	—	—	—	—	—	—	—	—	—
	税费	—	—	—	—	—	—	—	—	—	—
	现金总支出	25 960	2 490	3 490	6 090	10 190	11 240	12 890	12 890	12 890	98 130
月底现金		4 040	5 150	7 660	9 970	11 780	14 940	20 050	25 160	30 270	

表 2-3-8　现金流量计划表

单位：元

项目		月份									
		4	5	6	7	8	9	10	11	12	合计
现金流入	月初现金	—	4 040	1 550	−1 940	−4 430	−8 620	−11 460	−12 350	−10 840	
	现金销售	—	—	—	—	—	—	—	—	—	—
	赊账销售	—	0	0	3 600	6 000	8 400	12 000	14 400	18 000	62 400
	贷款	—	—	—	—	—	—	—	—	—	—
	销售总收入	—	0	0	3 600	6 000	8 400	12 000	14 400	18 000	62 400
	业主投资	30 000									30 000
	可支配现金	—	4 040	1 550	1 660	1 570	−220	540	2 050	7 160	—
现金流出	现金采购	—	1 350	2 250	3 150	4 500	5 400	6 750	6 750	6 750	36 900
	赊账采购	—	—	—	—	—	—	—	—	—	—
	工资	—	900	900	900	3 600	3 600	3 600	3 600	3 600	20 700
	店面租金	4 500	—	—	1 500	1 500	1 500	1 500	1 500	1 500	13 500
	打包材料（纸杯、纸碗、塑料勺子）	—	200	300	500	550	700	1 000	1 000	1 000	5 250
	促销活动	—	20	20	20	20	20	20	20	20	160
	电费、电话费	—	20	20	20	20	20	20	20	20	160
	加盟等费用	16 500	—	—	—	—	—	—	—	—	16 500
	场地及环境设备	1 240	—	—	—	—	—	—	—	—	1 240
	生产工具设备	3 670	—	—	—	—	—	—	—	—	3 670
	开办费	50	—	—	—	—	—	—	—	—	50
	贷款本息	—	—	—	—	—	—	—	—	—	—
	税费	—	—	—	—	—	—	—	—	—	—
	现金总支出	25 960	2 490	3 490	6 090	10 190	11 240	12 890	12 890	12 890	98 130
月底现金		4 040	1 550	−1 940	−4 430	−8 620	−11 460	−12 350	−10 840	−5 730	

他们修改现金流量计划后，对凉茶店的经营又重拾了信心。看样子，他们可以在一年后进行赊销了。

但是，随着冬季的到来，他们发现凉茶没那么好卖了，必须要兼营甜品类产品（如甜酒、汤圆等）。因此，他们又要开始新一轮的产品销售、成本、利润分析、制订现金流量计划了……。与此同时，他们也意识到了市场需求决定产品构成的道理。

特别提醒：创业就是这样一个充满未知、充满生机的过程，市场每时每刻都在变化着，只有及时发现市场变化、具备预测市场能力、及时调整经营方式的业主，方能使企业立于不败之地。

练一练

1. 预测你的企业所需的启动资金，并核算出成本和制定出产品销售价格。
2. 制订你的企业产品销售计划，并进行利润分析。

任务三　掌握规避中草药养生凉茶饮品店创业风险的方法

创业是一种价值风险投资，每位创业者都必须遵从量力而行的原则，才能安稳创业。若拿着自己的血汗钱或者借钱创业，在选择项目时，要尽量规避风险较大的创业项目，用为数不多的资金投资到风险较少、规模较小的创业项目当中，积少成多滚动发展。

一、中草药养生凉茶饮品店创业面临的风险

（一）市场风险

有市场机会才有创业成功的可能。但是，市场受经济发展的影响，瞬息万变，难以捉摸。需要创业者具有发现和掌握经济发展规律的能力。而这些能力的获得并不是一朝一夕的，是在市场经济的浪潮中不断积累经验教训领悟出来的。

凉茶饮品店的市场风险主要体现在：

1. 同行间竞争激烈，产品同质化严重

茶饮料的品牌众多，固体茶饮料凭着购买的方便性和口感佳等特性挤占传统凉茶铺的市场份额。

2. 受众(主体消费者)对凉茶的消费方式在改变

凉茶铺在人们心目中还是传统的现煲凉茶,购买不便,口感不佳,只有老一辈的人喜欢,不符合现代主体消费者——年轻人的需求。

现在,不少的凉茶连锁公司开始把眼光放长,一是侧重产品理念的升级改造,在产品更新上逐步年轻化、时尚化;二是侧重凉茶文化的打造,在铺面的装修改造上体现文化的内涵,把凉茶消费向文化消费转变;三是侧重产品的包装升级改造,方便和吸引消费者购买。

因此,在决定以加盟方式创办中草药养生凉茶饮品店时,充分了解各种凉茶加盟品牌的品种特点、营销策略、产品研发能力等是十分重要的,这有利于你选择要加盟的品牌。

(二)技术风险

凉茶饮品店经营的技术风险主要是指企业运营和管理技术方面的风险。主要有:

1. 产品不对路

店主不懂得企业管理知识,管理经验缺乏,在企业运行时往往没有宏观的判断,不能及时了解市场需求信息及其变化,没有清晰的方向感,没能及时调整产品构成,造成产品销售不出去或卖不了一个好价格。

2. 资金链断裂

因管理技术缺乏,过量赊销,核算成本不仔细,没能很好地控制现金流量,收支失衡,即使发现问题也不能及时采取行动,缺乏市场应变能力。

3. 内部管理不到位

对员工的要求不严,职责不清,造成员工工作积极性差,服务态度不好,有损企业形象。

(三)人为风险

1. 加盟骗局

市场上不乏出现高额回报的加盟项目。这些项目往往都是以高额的利润回报为噱头吸引投资商。据中国连锁经营协会权威统计显示,目前草根投资者主要关注的领域中,毛利润率最高的也不过50%～60%,净利润率在15%左右已经属于高利润行业了。在凉茶饮品加盟店中,品牌众多,加盟费用不一。

2. 员工管理不当

实际上，无论是新手还是老手，都面临“如何招到忠心可靠的店员”的问题。尤其在新手店主在员工管理和识人方面尚缺经验的情况下，店员有意破坏、合伙人撤资、店员携款跑路、店员懒散卫生不过关等情况时有发生。

（四）灾害性风险

凉茶饮品店最大的灾害性风险是火灾、食品安全性问题。火灾一旦发生，企业将遭受重大损失。而发生食品安全性问题，那将是毁灭性的。

二、规避风险的对策

（一）选好地段，看准市场

凉茶饮品店所处的地段、位置是创业成败的关键因素之一。地段决定了人流量，增加了潜在顾客量和目标顾客量。

有市场机会是创业成功的决定性因素。没有市场，所有的企业构想都只是纸上谈兵、空中楼阁。一种产品是否有市场机会以及市场大小，需要创业者通过详细的市场调研获取信息来进行判断。你需要对市场调研信息进行整理、甄别、筛选、归类，进行可行性分析，并写出一份详细的调研报告。经过分析，看准了市场才能启动创业计划。

（二）掌握技术，运筹帷幄

你一旦启动了创业计划，就必须付出比常人更多的努力。主动向同行学习企业运营及管理技术，主动参加企业经营管理方面的培训，提高管理技术，及时识别市场信息，及时应对风险，避免企业因管理不当而陷入危机。

（三）识人断字，观察入微

作为店主，不可能所有事情都事必躬亲，或多或少都需要雇佣员工。如果你是新手，雇佣自己信得过的亲人是常用的预防人为风险的方法。如果一定要招聘员工，请按照“劳动法”的规定与员工签订劳动合同，保护劳动者的同时也保护企业。对会计人员的选择尤其要谨慎。

店主主动学习人力资源管理方面的知识，加强员工的管理与培训，建立员工工作职责和守则，更要对员工平时的工作表现观察入微，不能当甩手掌柜，及时发现员工工作态度、职业道德等问题，做到有奖有惩，赏罚分明，及时处理问题，避免因人为风险使企业陷入无人可用、财务危机等险境。

（四）投入保险，减少损失

为企业投保，减少因灾害性风险产生的损失。

练一练

练习 1

走进周女士在南宁市东葛园湖路口经营的“老梧州”凉茶铺，店内不时来几个客人，喝完凉茶或甜品就匆匆离去。前几年的夏天，在这个“黄金时段”周女士是几乎抽不出时间在店内和朋友聊天的，因为生意忙碌得让她“停不下来”。

周女士经营凉茶铺将近 10 年了。她认为，现在的“清闲”或许与这条路上出现了越来越多的奶茶店、甜品店有关。在这段约 500 米的道路上，就有 3 家凉茶店、2 家奶茶店和 4 家甜品店。“这一带有 2 个学校，以前有不少学生会来光顾。但是现在他们更爱喝奶茶和港式甜品，来喝凉茶的多数是中老年人了。”

每月的铺面租金也从 1 000 多元涨到了 5 000 多元。为了提高收入，周女士还兼卖酸嘢、白粥、粽子等食品，但租金、人工等成本还是让她有些吃不消，在冬天的时候更是如此。半年前，周女士有了把铺面转出去的想法。

请你根据市场知识分析周女士凉茶铺面临困境的原因是什么？她应该如何做才能保证店铺继续经营下去？

练习 2

张某、孟某和李某都是 2007 届北京某大学电光工程专业的毕业生。因为平日工作不忙，3 个人想一起做些事。综合考虑了兴趣、资金和精力等多重因素，开一家有校园气息的咖啡厅，获得了 3 个人的一致认同。3 个人拿出工资和积蓄，在吉林大学中心校区的北门商业圈租了间环境安静的店铺，起名“未来花园”。他们说：“创立咖啡店时，并没有一个明确规划，只是为了共同的兴趣爱好和校园情结，想了就做了。”

3 个人都没有创业经验，开店后状况百出。由于店面布局设计明显不够合理，很多空间没得到利用，在开业第 5 个月，咖啡店就只得关门重新装修。那时，咖啡店一直处于赔本经营状态，投资却已近 40 万元。他们曾在网上发布消息招聘了一名全职店员,可招来的店员在工作几日后向孟某借了几百元后就再也没来上班。2011年年中,为了让咖啡店更专业,店里出费用让一名店员到北京进行专业学习,学成后的店员在为咖啡店服务数月后,也离开了。

为了吸引顾客,咖啡店陆续推出各种促销活动,但许多活动需要付费或点单。另外据吉大学生反映,因为“未来花园”位置稍偏,饮品价格多在20元以上,对学生来说价格略高。

今年,“未来花园”开始逐渐扭亏为盈,但盈利有限。咖啡店的大部分收益多用于购置原料和更新设备。每年7万元的房租,让3个合伙人压力不小。

(文章来源:创业 http://www.cyone.com.cn/Article/Article_29782.html)

1.“未来花园”业主做错了什么?他们本应该怎么样做?

2.如果你是“未来花园”业主,接下来你会怎么做?请把你的想法写成实施方案和计划。

任务四　成功实现创业

要想成功开办凉茶饮品店,需遵循以下原则:

一、地段好才有大市场

地段决定了市场。如前面“规避风险的对策”中提到,凉茶饮品店所处的地段、位置是创业成败的关键因素之一。地段决定了人流量,增加了潜在顾客量和目标顾客量。选址不当往往是造成亏损的首要原因,其次才是管理技术方面的原因(包括现金管理、质量管理、卫生管理)。

喝凉茶一般是行人顺便购买或是在家附近买。而且,由于一杯凉茶才两三元钱,盈利主要靠走量。因此,选址首要考虑的因素应是目标消费群的集中度、稳定性和消费者购买的便利性。在地段选择上一般有两种模式:一是以店主为中心,在自家住地附近开店;二是以顾客为中心,哪里聚客就在哪里开店。选址定位则主要考虑行人必经场所,如超市或购物中心附近、商业步行街、办公区人行街、车站、市场(专业批发城)附近、学校、成熟小区等。

二、质量好才是真的好

品牌决定了品质。选好加盟品牌,是创业成功的开始。现在市场上的凉茶品牌有很多,品牌知名度、产品质量也参差不齐,产品的同质性越来越高,作为加盟投资者,全面了解各家各户,投资更稳健。那么,该如何选择凉茶品牌来加盟呢?

(一)首看产品质量

1. 产品的统一性

好的品牌是对产品统一生产,统一配送,统一销售模式,统一销售价格。自行煲煮等差异性强的品牌不宜选择。

2. 产品生产设施

好的品牌都拥有国家审批的大型生产工厂,不能选择小作坊式加工方法的品牌。

3. 产品新鲜度

好的品牌是总部统一生产,具有强大的物流配送能力,能保证高效率配送新鲜成品凉茶。最好不要选择光配送粉末或配送时间长、频率低的品牌。

4. 产品安全度

好的品牌不添加防腐剂及任何香精添加剂,生产条件成熟,符合国家的卫生标准,安全可靠,散装新鲜产品保质期较短。

5. 产品的对比

看产品质量最好的方法就是产品对比,到几个品牌取同一种凉茶,放在一起,逐一进行品尝对比,你会发现每个品牌的产品是不一样的。

(二)再看产品品牌

选择品牌加盟是关键。这样可以拥有法律保护的专业术语,经营者从而能够合法地宣传凉茶术语。但是,凉茶品牌众多,投资者必须精打细算,货比三家以后再做出加盟决定。如何选择加盟品牌,应从以下几方面考虑:

1. 研究品牌发展速度与发展质量

比较公司对加盟店的管理和服务。一个好的品牌不光要有非常快的发展速度,分店的发展质量是最关键的。因此评价一个品牌的好坏,还要从“发展速度”与“发展质量”2 个方面来评价。

2. 比较产品更新能力

一个好的品牌一定要有拳头产品,也叫主打产品。甜品类凉茶一般的市场存活期最多也就一两年。所以,你的东家是否有强劲的研发能力是你的凉茶铺子壮大的根本。有不断培植知名产品的能力，不断跟上主流消费群体的消费喜好，能占领市场先机，能满足市场需求。

3. 研究品牌的知名度

看品牌的社会评价如何？其知名度有多高？

4. 品牌经营策略

投资加盟店一定要考察品牌的经营策略。是以质量取胜还是以促销手段取胜？好的品牌是把质量摆在第一位的。

5. 品牌选择不是要最好的，而是要最适合的

这一点很重要。要详细比较加盟一个品牌、一个店铺的总投资预算，然后根据自己的投资能力量力而行。

三、服务好才有回头客

顾客服务工作首先体现在员工对顾客的热情度、亲和力上。其次体现在服务的细心程度上，能切实了解顾客的需要，向顾客详细介绍不同品种凉茶的功能。再次体现在环境卫生上，卫生是消费者最看中的，因此，在卫生上一定要教育店员不能打折扣，否则会在不知不觉中损失很多顾客。最后是体现在店铺的装修格调上，凉茶作为一种非物质文化遗产，凉茶消费已慢慢向文化消费渗透，因此，装修格调体现凉茶文化更能吸引人。

四、唯有专业才能服人

凉茶是中草药植物性饮料，可以在适当的时候用来清热止渴，去湿生津等，所以说它也是药。体质偏寒、孕妇及儿童不宜饮用。创业者要对各种凉茶的功效、宜用人群了如指掌，做良心凉茶、放心凉茶、专业凉茶。凉茶入选“非物质文化遗产”名录后，它更是文化的代表，唯有专业才能服人。市场就好比一个汪洋大海，创业者好比沧海一粟，但是每一个人都有自己的长处和优势，当你对某一行业、某一领域感到熟悉时，又在技术上有所专长，这就是自己行业长处之一了。切记，能充分发挥自己的长处和优势，并且选择自己有兴趣且熟悉的行业，创业就成功一半了。

特别提醒：初创企业生存法则：志向要大，计算要精，规模要小。

练一练

南宁水街的郭记凉茶糖水店已经有 20 多年的历史。这 20 多年来，该店一直

坚持用天然植物熬制凉茶,在街坊间有良好的口碑,如今已成为水街的“名店”之一。但这家店一直没有发展分店,多年来都是独此一家。经常有人前来要求加盟该牌子,均遭到店主郭女士的拒绝。她说:让别人来做自己的凉茶,她担心做得不正宗砸了招牌;但如果自己熬制再配送,又实在忙不过来,也不具备扩大生产所需的条件。她一方面也想把自创的品牌发扬光大,另一方面又担心发展扩大后的质量控制问题,这让她很为难。

请你根据所学知识,为郭记凉茶糖水店做一份招商加盟发展模式计划。

请你根据所学知识,为郭记凉茶糖水店做一份扩大生产计划。

项目四

农药经营店的创建分析

知识目标

1. 了解农药行业市场行情。
2. 掌握农药店经营财务分析。
3. 了解农药行业风险。
4. 掌握成功实现农药经营创业应注意的问题。

技能目标

1. 能够开展农药行业市场行情调研。
2. 学会为农药经营企业进行财务分析。

【黄亮和王丽的创业故事(一)——产生创业想法】

黄亮,广西合浦人,2002年毕业于广西农业院校植保专业,毕业后一直在一家农资连锁公司做销售工作。黄亮踏实肯干,有眼光,会管理,有技术,销售渠道广,人脉资源丰富。销售业绩一直名列前茅,但是公司给的待遇多年没有变化。黄亮暗暗有了单飞的打算。虽然人到中年,黄亮和妻子王丽商量,决定自谋出路,由于黄亮熟悉农药行业,决定在这个行业中闯出一片天地。

思考与讨论:黄亮为什么要创业?请阐述还有哪些原因会促使你走向创业之路?

任务一 了解农药市场行情

一、了解农药市场行情

农药是重要的农业生产资料,与种子、肥料以及其他一些农业生产资料,在农业增产，农民增收，提高农产品质量和保障人畜安全等方面起着重要作用。其中农药又是一种特殊商品，如果对农药市场了解不够、管理不善、使用不当，有可能造成使用后对农作物产生药害、对环境造成污染、对人畜健康和生命安全造成威胁。而且，当前农药市场行情变化多端，国家对农药行业的政策调控力度加大，高毒农药品种不断被列入禁用黑名单。因此，了解农药市场行情就是为开拓农药市场，获得农药经营创业成功奠定基础。

在经济全球化的背景下，国际农资市场的发展前景如何？哪些作物需要什么农资？每种农资的利润空间是怎样？有什么发展趋势？未来农资市场的增长点在哪里？如果对这些行情把握不准确，信息来源闭塞，这些问题都会对农资创业造成极度不利的影响，有可能造成农药经营创业失败。

【黄亮和王丽的创业故事(二)——调查中发现机会】

黄亮和王丽对广西合浦县各个乡镇开展了农作物种植情况及农药使用量、用药种类调查，他们通过走访市场，到种植大户中访谈，通过乡镇农业部门，各村干部、网络、电视、报纸等各种途径，收集了大量的信息。他们调查中发现，合浦豆角种植规模大，是非常畅销的外销型品牌蔬菜。据统计，2011 年合浦县春豆角种植面积达 60 000 亩，产量达 21 万吨，大多销往全国各地，种植多集中连片。豆角病虫害非常多，杀虫剂、杀菌剂需要量最大。而且农民在使用农药时，存在用药量和使用不当等问题。合浦的农药市场不够规范，各种农药品牌多而杂，需要技术服务提高农药使用效果。农民相信眼见为实。而自己能够为他们提供专业的技术服务。

通过市场调查，黄亮认为针对豆角引入农药会有好生意。

思考与讨论：黄亮和王丽采用了哪些市场调查方法？

二、了解农药市场行情的途径

了解农药市场行业的途径有很多种，选择好的途径，可以节省很多的时间和精力，获得更多农药市场行情，达到事半功倍的效果。

（一）调查市场

“没有调查就没有发言权”，农药行业在我国发展较早，属于是成熟行业，竞争激烈，选择农资行业创业前，必须开展周密的农药市场调查，可以亲自跑市场，也可以借助其他途径了解。

1. 访谈调查法

访谈调查法是通过直接或间接问答的方式搜集市场信息。这种方法调查访谈人员可以灵活地提出各种设计好的问题，使收集资料过程富有弹性，还可以通过倾听回答的全过程，有利于及时辨别回答真伪，甚至还可以发现意想不到的信息。访谈调查法包括的方式有个别访谈调查、电话访问调查和问卷调查。

个别访谈调查又叫深度访谈法，常指调查者与单个的被调查者面对面进行交谈的一种收集资料的方式，可以是“标准化访谈”形式，也可以采用松散提纲的半结构化方式。

电话访问调查常指调查者与被调查者通过电话交谈的一种收集资料的方式。

问卷调查是指调查员将调查表当面交给被调查者，解释后，留给调查对象自行填写问答，再由调查员按规定的时间自行收回的一种收集资料的方式。

2. 观察调查法

观察调查法是调查者在现场对被调查者的情况直接观察、记录，以取得市场信息资料的一种调查方法。它不是直接向被调查者提出问题要求回答，而是凭借调查人员的直观感觉或利用录音机、照相机、录像机和其他器材，记录和考察被调查者的活动和现场事实。

（二）查阅资料

农药市场行情以各种各样的信息形式存在。这些信息存在于各种各样的资料当中，有些是现成的，可以直接运用；有些是隐藏的，需要从现象中分析提炼，形成有用的东西，为我所用。这些资料的来源有报纸、杂志专业书籍、新闻报道、互联网等。我们在条件许可的情况下可以直接进行资料查询，此外，也可以委托其他机构如市场调查公司、咨询公司，通过发放调查问卷、实地调查等方式进行。

【黄亮和王丽的创业故事(三)——了解农药市场行情】

决定创业之后，黄亮和王丽进行了市场调查，为了了解农药的市场行情，他们还通过可以通过互联网进行查询有关农药知识，比如中国农药信息网(http:// www. chinapesticide. gov. cn/)等，在这个网站上，通过“农药综合查询系统”就可以根据需要查一些农药产品的知识。也可以按企业名称查询，用搜寻出来的信息与实际药品对比，就可发现药品存在的问题了。还可以通过农药登记查询，按照上述办法可以查询到过期产品、到期产品、产品有效成分、农药最大残留限量等内容。他们结合自己的工作经验，了解了农药的市场行情。

（三）咨询专家

对于农药市场行情中的一些专业问题，如资金运作、成本核算与控制、企业运营管理、生产经营技术、政府相关政策、法律法规等问题，最好请教专业人士来出谋划策。

资料拓展

蔬菜安全用药

针对蔬菜的安全用药，山东农业大学植物保护学院刘峰教授给出了建议，常发病虫害的防治应采用预防为主、保护性施药和混合施药的策略，亟须增加高效、安全剂型及助剂的应用频次，开展定向用药技术、高效施药技术及药械等领域的研究。以蔬菜安全用药为例，在黄瓜霜霉病的防治上，推荐使用代森锰锌、百菌清、烯酰吗啉、三乙磷铝、双脲氰、甲霜灵等药剂；在瓜类霜霉病方面，目前登记有效成分主要有甲基硫菌灵、硫黄、福美双、三唑类和甲氧基丙烯酸酯类，剂型以可湿性粉剂和悬浮剂为主；在黄瓜根结线虫病方面，登记产品共有 71 个，其中阿维菌素 37 个，噻唑膦 19 个，阿维噻唑膦 7 个。在病虫害的防治工作中，应强化“预防为主，综合防治”的理念，增加药剂的混配和交替用药，对减量用药和安全用药都有促进作用。

三、需要了解的农药市场行情

农药市场行情信息众多，而且以各种形式存在着，我们需要去伪存真，有针对性地选择信息，可以把握以下 4 个方面的内容。

（一）谁是你的客户

选择了经营农药公司，你首先要确定为谁提供服务，销售什么类型的农药产品？用什么方式？什么时间？开展什么服务等问题。我们要分析投资什么可以获得较大的利润，哪些人有需要有能力愿意购买？这些消费者就是我们的客户。

一般来说，农药行业的消费客户多为农业作物种植的从业者。对这些从业者，我们要开展客户分析，我们可以从客户种植作物种类、收入、购买能力和地区分布等方面进行市场细分,实现分类管理,同时采取有针对性的策略进行市场开发。

(二)谁是你的竞争对手

竞争对手是指在市场上提供与本企业相同或相似的产品和服务,且在配置和使用市场资源的过程中与本企业有竞争性的企业和个人。你需要做的是找准主要竞争对手,而不是所有的竞争对手。如果错误判断了竞争对手,就会直接影响决策的方向和目标,最终影响企业的成败。不同的竞争对手就会导致不同的行为和结果。一个行业中会存在千千万万的竞争。

农药行业主要竞争对手的特点是:

(1)与本企业提供相同或相似的产品和服务。

(2)与本企业具有共同的或者基本重合的市场范围。

(3)与本企业具有基本相同的客户。

(4)在具体、特定的时间内与本企业共同争夺有限资源。

(5)与本企业市场份额接近,近期有潜力接近或超过本企业。

(6)农药技术服务实力、产品性能或服务质量与本企业相近。

(7)企业规模与本企业相近。

(8)对本企业市场形成现实或潜在的挑战和威胁等。

在找准竞争对手时,还需要了解他们的优势、劣势、发展计划和目标等。这样,不仅可以学习对方的优点和长处,还可以采取相应的战略对策避免受到攻击,从而更好地发展自己。

(三)购销渠道在哪里

目前,农药市场在更多的情况下是买方更具有主动性和发言权,再好的农药产品或服务也必须移到街头巷外,找准合适的购销渠道。购销渠道的选择有多种,如政府牵头举办的农资产品展销会、推介会等。由专门机构或组织专业从事农药产品购销活动。可以和上游经销商及下游客户签订合作协议,按要求供货。加强宣传,经常参加展示活动或将客户请进来。

(四)新型农资电商销售模式

长期以来,农资行业各企业为争夺市场,无序竞争,你便宜我更便宜,你再便宜,我干脆赊销,同质化竞争的背景下,赊销渐成惯例。而在实际运营中,有的企业、代理商往往会暗自加价销售，农民看似用赊销疏解了付款压力，实际上不见得真能得到实惠，而农药产销企业则疲于要账催款，难顾其他，全行业的上、中、下游三方都是如鲠在喉，下咽不畅。

近两年，“田地头”“田田圈”等不少企业、销售商探索用电商、会员制等新型销售模式替代赊销模式，以求能从传统模式中解困突围。

目前的“田田圈”已经整合了几千种优质产品，融集了十几亿资金，连接了数百家企业，汇聚了几万名一流技术服务人才。各类农业经营主体可以通过平台实现互帮互助，共用共享全国各地的信息、产品、资金、技术、智慧等。

通过“田田圈”这个平台，农民可以买到低价实惠的农资产品，享受技术服务，降低成本、增加收入；对于农业专家、种植能手，则能够通过提供服务，让自己的知识和技能变现；好企业的好产品，推广的效率提升，销量和利润增加；经销商在这里卖农资，也避免了压货、赊账；社会中的闲置资金，投到农金圈里，年化资本收益率近 10%。“田田圈”以需求为导向，通过门店提供优质低价农资产品，汇聚大批作物专家和作物达人，线上线下为农户提供专业的服务；“田田圈”作物圈以作物品种为单元，连接相同作物种植者、专业植保顾问。“田田圈”在“互联网＋农业”的探索中，构建了以“为农、服务、入村、互助”为核心的互联网底层思维，化解了互联网进农村的“水土不服”，提供了一种发展农业互联网的模式。

（五）发展前景怎么样

农药是一个利大于弊的农业生产资料，值得大学生们去投资创业，创业成功离不开对农药市场的调研和对其发展趋势的把握。一个有价值的农药项目，应该呈现“四有”：有一定规模、有发展潜力、有市场效益、有特色。

【黄亮和王丽的创业故事(四)——农药是值得投资的领域】

通过对市场的调查和农药市场行情的了解，黄亮和王丽认为，农药是重要的农业生产资料和救灾物资，对防治农业有害生物、农民增收及农产品贮存起着不可或缺的作用。据统计，全世界每年有 10 亿吨左右的庄稼毁于病虫害，由于病、虫、草、鼠害等造成的作物减产幅度达 20%～30%，如果一旦停止用药或严重的用药不当，一年后将减少收成 25%～40%(与正常用药相比)，两年后将减少 40%～60%以致绝产。

根据联合国发布的《世界人口展望：2012 年修订版》，到 2050 年全球人口预计将达96亿。与人口激增形成鲜明对比的是,世界耕地面积在不断减少,1950年世界人均谷物面积约3.45亩,到2030年将下降至1.2亩。人口、粮食仍然是未来几十年摆在人类面前的突出问题。要解决好世界粮食安全问题,就必须采取各种手段来提高单位面积产量,以确保农业丰收,农药则是其中十分重要的一个环节。我国是拥有14亿人口的农业大国,粮食安全关系到国家的经济发展、社会稳定,是国家长治久安的重要保障。农药作为不可或缺的农业生产资料对防治有害生物、应对暴发性病虫灾害、保障农业生产发展具有十分重要的意义,同时也直接影响到国家粮食安全、社会稳定和生态安全。我国病虫草害常年发生面积约60亿亩,由于正确地使用农药,每年可挽回粮食4 800亿吨、棉花60万吨、蔬菜4 800万吨、水果600万吨,减少直接经济损失约800亿元。特别是在近几年防治小麦条锈病、水稻"两迁"害虫等重大病虫害的行动中,农药对保障我国粮食连续增产,确保农产品有效供给做出了重要贡献。

思考与讨论:农药对农业的贡献体现在哪些方面?又有何不利因素?你怎样看农药市场前景?

四、辨识农药市场有用信息的方法

在全球一体化的形势下,企业间的竞争已经不仅仅局限于资金、人才、规模、质量等方面,更是对市场信息的正确判断与快速决策。创业者尤其要注重收集有价值的创业信息。对信息的正确把握和应用会为农药创业者争取到更加广阔的发展空间。

那么有效信息从哪里来呢?

大部分农民朋友相信政府,认为来自政府的信息比较可靠。的确,政府部门的信息准确性高,权威性强,而且政府部门信息来源广,有整合出优质信息的独特优势。

通过农副产品批发市场了解信息,也是大多数农民朋友所熟知的途径。批发市场,是农民朋友获取信息的宝库,可以通过中介组织、经纪人,批发商等获取有关信息,指导生产,避免盲目性。

计算机网络打破了时空界限、涉及面广、速度快,已逐渐被比较先进的农民朋友利用获取信息,将逐渐成为农民获取信息的一个很重要的途径。网络信息致富的例子不胜枚举。如农民张江从网上了解到,随着我国对草原沙漠生态资源管理力度的加大,甘草价格将上涨,他从甘肃、内蒙古引进甘草试种,当年获得成功,每亩收入近 1 500 元。在他的带动下镇发展甘草 1 300 余亩，形成当地有名的甘草基地。

报刊、电台、电视也是农民朋友获取信息必须关注的重要途径。要获取有效信息，需要练就一双“市场眼”。在致富路上，才能少走一些弯路。

（一）比较分析，去伪存真

通过各种途径获得的农药市场信息，开始时都是杂乱无章的，其中还会混杂一些虚假的、不全面的信息。因此我们首先要对信息的真实程度进行比较分析，去除不真实的内容。与此同时，还应该注意其时效性和实用性。

然而，怎样判断所获信息是否真实可靠呢？我们可以向知情人士打听，也可以亲自考察信息的来源是否可靠。判断某一渠道过去提供的信息质量、该渠道提供信息的动机以及该渠道的可信度等。通过这样的方法，将虚假的信息，无效的、不全面的信息剔除出去，留下真实、可靠、全面的信息。

（二）逆向思考，防止受骗

农药，既不能吃，也不能品尝，却关系着广大农民千家万户的利益，因此面对农药市场上带有诱惑性的信息，如药到病除，利润提高 80%以上要格外警惕。但是，如果反过来想一想，既然这么好的产品，为什么发布信息者自己不做？别人为什么不做？要知道天上是不会掉馅饼的，其中必然有陷阱。对于这类信息，千万别盲从，以免上当受骗。

（三）实地考察，亲自检验

有些信息发布单位或皮包公司其实并没有生产或研究场所，他们只是在做一些网上信息、报纸杂志、书本资料等的剪辑、加工和整理。合作前可以要求他们提供真实可以查证的、具有说服力的宣传资料。资料应包含文字、图片、企业介绍、效益分析、生产情况等。一般情况下，正规的企业宣传资料印刷精美、图文并茂，分析具体详细；而宣传资料粗制滥造、内容简单、杂乱无章、图片模糊的企业就值得怀疑。最好是亲自到实地明察或暗访，以求得真实而全面的信息。

（四）专家能人支招，把握实用信息

对于一些真实可靠又全面的信息，如何运用也是值得考虑的一个重要问题。同样一条有价值的信息，在不同的地区运用很有可能产生不同的效果。我国幅员辽阔，地区差异较大，各地的供求关系千差万别。在甲地可栽培的果树，在乙地未必能种；乙地可创造的养殖业利润，在丙地也未必能实现。在这些方面要多请教专家、学者和能人，对这些信息进行可行性论证，通过认真仔细地考察研究之后才能付诸实施。

五、发现和把握市场机会的方法

农药创业者要在经营中立于不败之地，就要经常寻找市场机会，并准确地把握市场机会。从目前看，农药市场准入门槛低，产品丰富，销售模式仍然较为分散。与此同时，技术服务在农药销售中占据越来越重要的地位，国家对一些高毒、高残留的农药实施禁用政策，农药市场机遇和挑战并存，如何在新形势下发现并把握住机会，对从事农药的创业者非常重要。

【黄亮和王丽的创业故事(五)——对农药的理解】

黄亮和王丽了解到，近年来，关于“有毒”农产品的新闻不断见诸报端。市场上充满了对农药的恐慌情绪，很多消费者在购买蔬菜水果的时候，甚至将有无用过农药作为自己购买的选择标准。

农药真如想象中的那么可怕吗？正常的农业生产会不会造成农药残留进而导致对人体的伤害？农药到底可不可用？

问题一：不用农药行不行？

“植物犹如人类一样，在生长发育过程中会遭受多种病菌、害虫、杂草以及害鼠的侵袭，如不对其进行保护和救治，轻则会影响生长、减少产量，重则会导致作物死亡，颗粒无收。人生病了要吃药、植物生病了要打药，道理是一样的。”中国农业科学院植物保护所副所长郑永权向记者打了个比方。他认为，不用农药是不行的。据世界粮农组织估计，通过正确使用农药可以挽回40％左右的损失。

当前，我国农、林虫害多发、重发、频发，水稻“两迁”害虫（稻飞虱、稻纵卷叶螟）和黏虫等迁飞种类害虫此起彼伏。而且，随着国际农产品贸易频繁开展，入侵我国的外来生物呈现出种类增多、频率加快、危害加剧的趋势。例如，美洲斑潜蝇自进

入我国不到10年，就已遍布全国，严重危害百余种农作物，每年防治费用约4亿元人民币。

“我国是人口大国，保障粮食的自给自足尤为重要，一方面我们通过提高单位面积产量来增加粮食产量，另一方面需要减少单位面积的损失，而这与农药的使用是分不开的。”郑永权告诉记者。

此外，舌尖上的安全不仅指合成的有毒、有害物质所带来的安全问题，同时还包括生物本身以及其产生的毒素导致的安全问题。目前，农产品因真菌感染而产生的对人体有害的真菌毒素已报道有300多种，常见的有黄曲霉毒素、玉米赤霉烯酮、展青霉素等。这些毒素不仅能直接对人体造成危害，还可以通过其他消费产品而形成二次危害。

同时，农产品在储藏、运输过程中，如果不进行防腐保鲜处理，极易感染食源性疾病微生物而发生腐烂，消费者食用被大肠杆菌等污染的农产品后会引发急性肠炎等，有报道曾说，有害微生物污染所带来的问题才是我国农产品和食品安全最主要的问题。

“因此，农药通过控制病菌的危害而减少生物毒素的产生和食源性疾病微生物的污染，从而在农产品质量安全方面发挥了积极作用。”郑永权说。

问题二：农药安不安全？

“目前市场上批准使用的农药在其使用登记的作物上按其规定的使用方式、使用剂量、使用次数和安全采收间隔期都是相对安全的。”郑永权告诉记者，“我国已经从农药的药效、残留、毒性和环境影响等不同角度进行了安全评价，只有通过评价过关的农药，才被批准使用。”

值得注意的是，目前所用农药跟过去的农药相比已大不相同。首先是农药的化学成分和结构有了很大变化，过去多为含氯和砷以及有机磷农药，现在多为仿生农药，毒性大大降低。其次是药剂的作用机理不同，过去多为神经毒剂，容易引起人中毒。现在有影响昆虫能量代谢、物质合成的新农药，对人体影响相对较小。第三是效果好、用量少。目前我国含有高毒农药成分的产品比例不到1%，低毒和微毒农药产品达75%以上。因此，总的趋势是农药的毒性在降低，使用量在减少，安全风险在降低。

农药残留也是人们较为关注的一个话题。蒋红云介绍，农药残留限量标准是根据农药的毒性毒理学数据、农产品中农药的残留量、人们的膳食消费结构等，利用风险评估技术计算出的安全值。在制定农药残留限量标准时，以最大可能的风险为基础,也就是以一个人一生天天吃某种农产品和可能吃的最大量来计算。在此基础上,考虑到物种差异以及孕妇和儿童的安全,再增加 100 倍的安全系数,因此标准是十分严格的。所以,农产品中的农药残留只要在国家标准范围内,就是安全的。2014 年农业部与国家卫生计生委联合发布食品安全国家标准《食品中农药最大残留限量》(GB 2763—2014),我国目前已制定了 3 650 个农药残留标准,涉及 387 种农药、284 种(类)食品,覆盖了蔬菜、水果、谷物等几乎所有主要农产品。

"我们不要把农产品农药残留'检出'等同于'超标',也不要把'超标'等同于'有毒'。"郑永权认为。

中国是农业大国,只要农民种植作物就会用到农药。只要企业找准自己的定位,聚焦各自的优势,专业的人做专业的事,市场前景一片大好。也许受电商的冲击,以及目前农产品价格低迷的影响,加上产品的同质化、信息的扁平化、价格的透明化等,使得农药市场跌宕起伏,但这正是市场竞争的结果,市场会走向良性发展,走向正规化。

思考:你认为农药市场有哪些机遇和挑战,如何把握农药市场机会?

(一)农药市场调研

农药市场调研的方法可以采用文案调研法、实地调研法、特殊调研法 3 种。

1. 文案调研

主要是二手资料的收集、整理和分析。

2. 实地调研

实地调研可分为询问法、观察法和实验法 3 种。

(1)询问法:就是调查人员通过各种方式向被调查者发问或征求意见来搜集市场信息的一种方法。它可分为深度访谈、座谈会、问卷调查等方法,其中问卷调查又可分为电话访问、邮寄调查、留置问卷调查、入户访问、街头拦访等调查形式。

采用此方法时注意:所提问题确属必要,被访问者有能力回答所提问题,访问的时间不能过长,询问的语气、措辞、态度、气氛必须合适。

(2)观察法:它是调查人员在调研现场,直接或通过仪器观察、记录被调查者的行为和表情,以获取信息的一种调研方法。

(3)实验法:它是通过实际的、小规模的营销活动来调查关于某一产品或某项营销措施执行效果等市场信息的方法。实验的主要内容有产品的质量、品种、商标、外观、价格，促销方式及销售渠道等。它常用于新产品的试销和展销。

3. 特殊调研

特殊调查有固定样本、零售店销量、消费者调查组等持续性实地调查；投影法、推测试验法、语义区别法等购买动机调查；CATI 计算机辅助电话访问调查等形式。

（二）农药市场预测

农药市场预测是运用科学的方法，对影响农药市场行业市场供求变化的诸因素进行调查研究，分析和预见其发展趋势，掌握农药市场行业市场供求变化的规律，为经营决策提供可靠的依据。预测为决策服务，是为了提高管理的科学水平，减少决策的盲目性，需要通过预测来把握经济发展或者未来市场变化的动态，减少未来的不确定性，降低决策可能遇到的风险，使决策目标得以顺利实现。农资市场预测主要包括以下 4 个内容：

1. 预测农药市场行业市场容量及变化

市场容量是指有一定货币支付能力的需求总量。市场容量及其变化预测可分为生产资料市场容量预测和消费资料市场容量预测。生产资料市场容量预测是通过对国民经济发展方向、发展重点的研究，综合分析预测期内农药市场行业生产技术、产品结构的调整，预测农药市场行业的需求结构、数量及其变化趋势。

2. 预测农药市场行业市场价格的变化

企业生产中投入的价格和产品的销售价格直接关系到企业盈利水平。在商品价格的预测中，要充分研究劳动生产率、生产成本、利润的变化、市场供求关系的发展趋势、货币价值和货币流通量变化以及国家经济政策对商品价格的影响。

3. 预测农药市场行业生产发展及其变化趋势

对生产发展及其变化趋势的预测，是对市场中商品供给量及其变化趋势的预测。

农药市场是运用科学的方法，对影响农药市场行业市场供求变化的诸多因素进行调查研究，分析和预见其发展趋势，掌握农药市场行业市场供求变化的规律，为经营决策提供可靠的依据。预测为决策服务，是为了提高管理的科学水平，减少决策的盲目性，需要通过预测来把握经济发展或者未来市场变化的有关动态，减少未来的不确定性，降低决策可能遇到的风险，使决策目标得以顺利实现。

4. 农药企业进入微利期

受主要农产品价格下降、实施农药减量控害行动等因素影响，2016 年农药市场延续“小年”行情，除少数除草剂、种衣剂品种有较好表现机会外，大多数农药品种仍然呈现不温不火的基本情况，市场持续低迷，前景不容乐观。

受安全环保压力不断增大、成本增加、国际国内两个市场需求不旺、高毒农药禁限用等多重因素的影响，农药行业整体上呈现价格低位运行的态势。总体看，农药企业已经进入微利期、保本期。

杀虫剂老品种用量呈现下降趋势，酰胺类、新烟碱类呈现上升势头。杀菌剂混合使用形式在部分地区速度加快。杀虫、杀菌剂以种衣剂形式使用上升加快。东北地区植物健康作物全程解决方案在大户农场、专业化合作组织上升趋势明显。

根据全国31个省级植保站初步预测统计分析，2016年农药需求总量与今年基本持平，杀虫剂等制剂需求总量将呈下降趋势，产业结构调整明显。明年全国农药需求总量（商品量）预计为96.17万吨，折百量为30.48万吨，比上年减少6.18%。需求量在1万吨以上的品种有（按降序排列）：草甘膦、敌敌畏、硫酸铜、乙草胺、莠去津、多菌灵、毒死蜱、代森类。

种子处理剂受欢迎。种子处理剂成为新的增长点。种子处理剂有“一药多效、省工省时、事半功倍、隐蔽施药、环境安全”等优点，目前已成为企业申请专利登记的热门。而杀虫剂需求总量呈下降趋势，结构调整明显，预计杀虫剂需求总量为10.37万吨，比上年减少5.21%。杀螨剂、杀菌剂、除草剂、植物生长调节剂、杀鼠剂需求下降，种子处理剂成为新的增长点。

高效施药机械需求增加。高效施药机械迎来发展春天，随着农村劳动力的持续转移，以及土地流转的深入，新型家庭农场和种植大户的蓬勃发展，对高效施药机械的需求会持续增加。由于劳动力成本上升，专业化统防统治组织机手难聘，施药机械已成为限制他们发展的最大瓶颈，他们迫切渴望有更快捷、更高效的施药机械。高效施药机械如电动喷雾机、自走式喷杆喷雾器数量将持续增加。政府也会积极推广高效植保机械，加大补贴力度。

讨论：在现有形势下，农药市场的商机有哪些？怎样确定创业目标？

练一练

按照下列步骤完成实践训练任务：

第一步：将学员分成5人1组，选定1名组长（分组时尽可能做好人员搭配），选定调查的对象和调查的主题。

第二步：要求每个小组至少调查 2 个农药市场和不少于 5 个农药企业情况；要求每个小组到指定的农药市场调查农药发展的专项课题(例如如何针对家乡的作物需求情况、作物生产情况、农药购销中存在的问题开展农药创业)。

第三步：要求每个小组将调查的情况写成不少于 2 500 字的调查报告，并进行讨论，然后选定 1～2 个农药创业方向。

第四步：全班学员集中交流每个小组的调查报告，相互启发，进一步完善调查报告，为制订创业计划书做好准备。

任务二　农药经营店效益分析

一、需要的流动资金项目

流动资金是指企业日常运转所需要的资金。

农资、农机经营企业在开始销售之前必须先买进一定量的存货(成品)，而且在顾客光临之前还要花一定的时间和资金进行必要的促销，在此期间还要支付员工工资、房租等费用。

企业的性质不同、经营的类型不同，所需要的资金也不相同，需要准备的资金的预备期也不相同。

农药经营店需要的流动资金类别如下：

(1)购买原材料或成品。

(2)促销。

(3)工资。

(4)房租。

(5)保险费。

(6)如电费、办公费、维修费等其他费用。

二、预测农药经营店需要的启动资金

计算开业需要资金，考虑几个月的经营亏损，一般需要计算 2～4 个月的宽裕期，具体见表 2-4-1：

表 2-4-1 开业启动资金预算表

项目	估计月费用(元)	预备月数	预计启动费用(元)
固定资产(货架、柜台、沙发、电脑、桌椅等)		—	
材料和产品		—	
人工工资		3	
租金		12	
水电费		3	
通信费		3	
燃油交通费		3	
促销费用		3	
办公行政费		3	
保险费		12	
招待费		3	
其他杂费		3	
不可预见费用		—	

【黄亮和王丽的创业故事(六)——开业启动资金的预算】

经过深思熟路,黄亮和王丽准备开业了,在开业之前,对开业启动资金进行了精心的预算,具体如下(表 2-4-2):

表 2-4-2 开业启动资金预算表

项目	估计月费用(元)	预备月数	预计启动费用(元)
固定资产(货架、柜台、沙发、电脑、桌椅等)	20 000	—	20 000
农药	100 000	—	100 000
租金	1 000	12	12 000
水电费	500	3	1 500
通信费	400	3	1 200
燃油交通费	1 000	3	3 000
促销费用	2 000	3	6 000
办公行政费	1 000	3	3 000
保险费	1 000	12	12 000
招待费	2 000	3	6 000
其他杂费	1 000	3	3 000
不可预见费用	5 000	—	5 000
合计			172 700

经过计算，黄亮和王丽打算把开业资金预算为 20 万元人民币。

三、农药经营店的成本核算

很多成功的企业家，都信奉这个真理：成本是魔鬼，必须把它杀死，要像拧毛巾一样把水拧干。杀掉一分成本，企业就多一分利润。

对于创业者来说，在创业资金相对有限的情况之下，更应懂得企业的利润在很大程度上来自于成本的控制。

（一）货比三家采购

活跃的市场经济使商品或者服务的价格有所不同，同一个商品在不同的地方就有不同的价格，甚至在一家商场内的不同柜台都会有不一样的价格。所以，创业者在购买商品或者接受服务的时候，必须掌握一定的商品鉴别能力，懂得什么样的货值多少钱。尤其应该多走几家商店、商场，多跟几家供应商联系，获取准确的价格信息，这样才能买到物美价廉的原材料或商品。

（二）精打细算生产

10－9＝1，10－8＝2。10 是收入，9 和 8 是成本，1 和 2 是利润。成本 8 与成本 9 只是一数之差，利润却因此提高了一倍！

企业的日常生产支出中有些可能仅仅是小额费用，可是日积月累，就是一笔不小的数目，所以严格控制日常生产支出，是有效控制企业成本的方法。创业之初，最重要的是生存。大多数成功的创业公司，都走过一个严格的成本控制过程，创业者要通过制定严格、切实可行的生产经营管理规章制度，使企业生产经营管理有条不紊，有章可循，严格控制生产成本和管理成本（表 2-4-3）。

经过这样计算，每个月的固定资产折旧费在 600 多元。再加上其他营运成本，黄亮和王丽计算出了店面每个月的总成本（表 2-4-4）。

经过计算，每个月的运营成本为 2 816.3 多元，这样前 3 个月的运营成本为 8 448.9 元，农药的毛利润一般为 30%左右，意味着前 3 个月毛利润要达到 28 163 元才可以达到收支平衡。

表 2-4-3 固定资产折旧表

项目	每年折旧率(%)	每年产生的折旧费(元)	每月产生的折旧成本(元)	备注
货架	20	1 000	83.3	
柜台	20	1 000	83.3	
沙发	20	1 000	83.3	
电脑	20	600	50	
桌椅	20	400	33.3	
汽车	20	2 000	166.7	
其他	20	2 000	166.7	
合计			666.6	

表 2-4-4 成本核算表

项目	费用(元/月)	备注
店面租金	1 000	
开业活动、促销	500	
水电费	150	
电话、宽带	200	
广告宣传费用	300	
折旧及开办摊销费用	666.6	
合计	2 816.6	

四、农药经营店创业利润分析

农药创业者如何实现可持续发展，把企业越做越大，钱赚得越来越多，让农药创业之路越走越宽广。采购要货比三家，生产要精打细算，同时减少人员费用、加快资金周转来降低成本；在创业过程中应树立“质量好才是真的好、服务好才有回头客”的创业意识，通过拓宽销售渠道、提升品牌影响、采用创新成果等谋求创业项目更好更快地发展。

【黄亮和王丽的创业故事(七)——销售计划与利润分析】

黄亮和王丽进行了成本核算，做了销售计划。现在他们要做的就是将销售与成本做成一目了然的计划表，预测农药经营店利润情况(表 2-4-5、表 2-4-6)。

表 2-4-5　销售预测表

单位：元

项目	月份											
	1	2	3	4	5	6	7	8	9	10	11	12
销售金额	0.5	1	2	4	5	4	4	3	2	1	0.5	0.5
合计	27.5											

表 2-4-6　成本计划与利润分析表

单位：元

项目	月份												
	1	2	3	4	5	6	7	8	9	10	11	12	合计
销售金额	5 000	10 000	20 000	40 000	50 000	40 000	40 000	30 000	20 000	10 000	5 000	5 000	275 000
成本	2 816.6	2 816.6	2 816.6	2 816.6	2 816.6	2 816.6	2 816.6	2 816.6	2 816.6	2 816.6	2 816.6	2 816.6	2 816.6
	3 500	7 000	14 000	28 000	35 000	28 000	28 000	21 000	14 000	7 000	3 500	3 500	192 500
	6 316.6	9 816.6	16 816.6	30 816.6	37 816.6	30 816.6	30 816.6	23 816.6	16 816.6	9 816.6	6 316.6	6316.6	195 316.6
利润	−1 316.6	183.4	3 183.4	9 183.4	12 183.4	9 183.4	9 183.4	6 183.4	3 183.4	183.4	−1 316.6	−1 316.6	79 683.4

经过上表可以发现，黄亮和王丽在农药销售旺季如果能够达到以上的销售额，年利润就可达到 79 683.4 元。

任务三　农药创业风险评估

创业永远与风险相伴，创业成功是从风险中走过来的。本任务将介绍农药行业创业的风险，作为农药行业创业者应如何识别风险，各种风险对农药创业者会产生怎样的威胁等，探索农药行业创业者控制风险、规避风险的措施。

一、农药创业面临的风险

农业是个弱势产业。农药作为农业生产资料，农药行情与农业行情息息相关。自然风险和市场风险都会造成农药价格波动。按照风险形成的不同原因，风险可分为以下 4 个方面：

（一）自然风险

农产品生产的周期性、自然灾害的客观存在、农业生产力水平较低。这些都会给农产品生产带来风险，农产品生产量决定着农药的使用量。我国气候变化大，灾害种类多且发生频繁，这些都给农业生产带来了巨大损失，农产品的大面积减少，造成农药刚性需求下降，这是自然风险间接给农药创业者造成的风险。

【黄亮和王丽的创业故事(八)——风险评估】

黄亮和王丽对企业的风险也进行了一定的评估，他们评估发现，近年来我国每年农田受灾面积达 7 亿亩以上，受灾农作物面积占农作物播种面积的 20%～35%，造成粮食损失 200 亿千克。其中干旱、洪涝、雪灾、冻害是我国最主要的农业自然灾害。

2009 年 1 月至 2 月上旬，我国 10 多个省区连续四次遭受低温雨雪冰冻极端天气袭击，直接经济损失 1 516.5 亿元。2010 年春天，云南大旱。仅仅以云南文山州为例，截至 2010 年 2 月 23 日，干旱涉及全州 8 县 102 个乡镇 940 个村民委 13 108 个自然村 61.6 万户 269 万人。农作物、林果面积 325.0 万亩，成灾 226.1 万亩，绝收 110.5 万亩。此次旱灾共造成粮食产量损失 7 542 万千克，农业经济损失 66 326.3 万元。

（二）市场风险

农药经营许可门槛过低。根据现有的政策规定，农药没有经营许可，只要工商登记过的经营单位，国家法律法规没有设置许可的，都可以经营。也就是说所有的经营单位都可以买卖农药。市场竞争非常激烈，每个月都会催生很多新的农药公司，同时，也有不少农药企业因不堪重负而破产。

（三）技术风险

技术风险是指由于创业者缺乏农业技术或某些技术在应用后产生的不确定副作用，对农业生产经营活动所造成的损失。缺少农药服务技术，轻的造成农作物减产、效益下降，严重的会造成农作物绝收，引起索赔，甚至导致农药公司破产。

知识拓展

农药经销商服务转变

农药经销商向技术服务商的转变是大势所趋，谁能够给农民提供更好更全面的技术服务，谁才是胜者。打造技术服务型企业，打造技术服务型经销商，需要专业化的技术。为此，不少企业联合学校、科研、政府部门共建“农化技术服务中心”，打造“专家队伍、公司专职农化技术队伍、公司一线农化技术队伍、县级农技专家队伍”四级农化服务平台，通过培训讲座、试验示范、现场指导等专业化农化服务，把产品、技术、服务工作落村入户，着实解决农业科技服务于农的“最后一公里”问题，真正实现产销用多赢。

农民李某，通过 2007 年、2008 年 2 年的积累，摸索出了一些管理经验，开始大规模种植设施茄子，由于连年耕作，次年 5 月，茄子叶片出现了大面积的褐轮纹病，也不太清楚如何防治，导致产量大幅度下降。

该农民的技术风险主要来源于 2 个方面：一是设施茄子连年种植，病原在土壤中积累；二是连续使用同一种农药容易造成植物的抗药性。由于农民仍然按照过去的经验进行防治，没有进一步研究技术问题，造成减产。

思考与讨论：为什么对农药新技术理解的偏差和操作的失误，都可能对农业造成直接经济损失，甚至灾难性的后果？

（四）人为风险

人为风险指因人的主观因素导致的种种风险，如人为破坏、投毒、失职、误判等，因为人为因素而导致的订单风险就是其中之一。农药订单是指经销商同农药购买者之间签订的购销订单，但是农民往往处在弱势群体的地位，由此产生了订单风险。

订单的形式、内容和签订程序不规范也是导致农业订单兑现难的重要原因。所以在签订合同订单时一定要了解合同的条款。

合同的内容由当事人约定，一般包括以下 6 个条款：

(1)当事人的名称或者姓名和住所、数量；

(2)质量；

(3)价款或者报酬；

(4)履行期限、地点和方式；

(5)违约责任；

(6)解决争议的方法。

签订合同时请注意以下 9 点：

(1)审查对方的真实身份、诚信意愿和履约能力；

(2)保证合同签订形式的适当和重要条款的完备；

(3)审查合同订立手段和内容是否合法；

(4)约定信用监督条款；

(5)约定争议管辖权和准据法条款；

(6)明确注明合同签订地；

(7)约定违约条款；

(8)约定所有权保留条款；

(9)约定担保条款。

（五）创业风险的分类

根据风险来源的主客观性，可分为主观创业风险和客观创业风险。

根据创业风险的内容，可分为技术风险、市场风险、政治风险、管理风险、生产风险和经济风险。

根据风险对所投入资金即创业投资的影响程度，可分为安全性风险、收益性风险和流动性风险。创业投资的投资方包括专业投资者与投入自身财产的创业者。

根据创业过程，可分为机会的识别与评估风险、准备与撰写创业计划书风险、确定并获取创业资源风险和创业管理风险。

根据创业与市场和技术的关系，可分为改良型风险、杠杆型风险、跨越型风险和激进型风险。

根据创业中技术因素、市场因素与管理因素的关系，可分为技术风险、市场风险和代理风险。

二、规避创业风险的对策

创业风险贯穿在整个创业过程中。创业者在经营运作中，应搞清哪些风险对效益影响最大，在管理中应及时控制这些影响效益的因素，掌握最新的行业信息并及时做出调整；也可以投入保险，将风险控制在可接受的范围内。资料表明，自然风险占农业经营风险的25%左右，市场风险占40%，技术约占25%，其余的约占10%。因此，对农业创业者而言，在风险的规避和防范时，可以从战略和战术2个方面积极应对创业过程中的风险。

（一）投入保险

保险实际上是面临风险的人们通过保险人（保险公司）组织起来，从而使个人风险得以转移、分散，由保险人组织保险基金集中承担，当被保险人发生损失时，可从保险基金中获得补偿。换句话说，保险将“一人损失，大家分摊”，是实现“人人为我，我为人人”的一种社会互助形式。保险的作用体现在以下4个方面：

1. 风险预防

风险预防是指采取预防措施以减少损失发生的可能性及损失程度。“凡事预则立，不预则废。”制订一份保险投资计划，提前防范风险的发生，避免风险到来时措手不及。

2. 风险转移

保险的实质是通过某种安排，把自己面临的风险全部或部分转移给另一方，接受风险的机构就是保险公司。通过转移风险而得到保障，是应用范围最广、最有效的风险规避手段。

3. 风险补偿

保险人借助众人的财力，给遭灾受损的投保人补偿经济损失，为其排忧解难。

4. 风险收益

客户虽然与保险公司签订合同，但客户有权中止这个合同，并得到退保金额。如果客户急需资金，又一时筹措不到，便可以将保险单抵押在保险公司，从保险公司取得相应数额的贷款。

【黄亮和王丽的创业故事(九)——风险与防范】

黄亮和王丽了解到，“2007 年，由于遭遇了多年未遇的洪涝灾害，我承包的 57 亩水稻几乎绝收，幸亏办了农业保险，今年初就拿到了赔付款 12 000 元，这是一件花小钱保平安的大好事。”江苏省南京市江宁区淳化街道民主村的万昌军欣慰地说。虽然遭受了自然灾害，但由于事前防范参加了农业保险，结果是有灾无险。

2007 年，北京市各种自然灾害频发，因为农民事先办理了农业保险，7.2 万亩粮食、2.2 万亩瓜果获得赔款 2 336 万元；6 800 头生猪、种猪、奶牛等获赔 1 120 万元。由于农民及时得到赔偿，在遭受灾害后得以尽快恢复生产，做到灾年不减收。2007 年，昌平区南邵镇村民师志英投保 10 亩苹果园，缴纳保费 720 元。她的果园因受冰雹灾，中国人民财产保险公司查勘定损后及时兑现了 3.2 万元理赔款，师志英高兴地说：“今年投保保了本，以后还得继续投保。”房山区琉璃河镇北京远丰酥梨合作社的 140 亩梨园参加了保险，缴纳保费 7 650 元。2007 年 7 月份出现的大面积雷雨天气使合作社梨园遭受风灾，合作社成员得到赔付款 66 080 元。

所以他们也决定买一定的农业保险，以规避风险。

农业创业的风险无处不在，面对外在的无法规避的风险，必须采取减轻、化解风险的对策。以上案例就是农民利用国家农业保险政策来化解、分担农业创业风险，从而增强了农民农业创业的信心。

思考与讨论：农业保险保什么？农业创业遇到的主要风险是什么？

（二）农业保险

农业保险是指专为农业生产者在从事种植业和养殖业生产过程中，对遭受自然灾害和意外事故所造成的经济损失提供保障的一种保险。

农业保险按农业种类不同可分为种植业保险、养殖业保险；按危险性质分为自然灾害损失保险、病虫害损失保险、疾病死亡保险、意外事故损失保险；按保险责任范围不同可分为基本责任险、综合责任险和一切险；按赔付办法不同可分为种植业损失险和收获险。

我国农业保险主要险种有：养殖业如生猪保险、养鸡保险、养鸭保险、牲畜保险、奶牛保险、耕牛保险、山羊保险、淡水养殖保险、养鹿保险、蚌珍珠保险等；种植业如水稻保险、蔬菜保险、林木保险、水果收获保险、西瓜收获保险、小麦保险、油菜保险、棉花保险、烟草保险等。此外还包括农机交强险等。

（三）风险防范和处理的 4 种方法

1．回避风险

回避风险是指主动避开损失发生的可能性。就一种或几种风险而言，采取回避措施是易行的，然而避免了这种风险，又有可能面临其他新的风险。就好像人们不能因为害怕出车祸就拒绝乘车一样，要回避所有风险是不可能的，除非终止一切活动。

2．预防风险

预防风险是指采取预防措施，以减少损失发生的可能性及损失程度，若潜在损失远大于采取预防措施所支出的成本，就应采用预防风险手段，如兴修堤坝，尽管施工成本很高，但可以有效地防范洪水泛滥所带来巨大灾害。

3．自担风险

自担风险指自己非理性或理性地主动承担风险。在做出“理性”选择时，自担风险一般适用于对付发生概率小且损失程度低的风险。

4．转移风险

转移风险是指通过某种安排，把自己面临的风险全部或部分转移给另一方。通过转移风险而得到保障，是应用范围最广、最有效的风险处理手段。

转移风险的 5 种方式：

租赁——将出租财产或业务有关的风险转移给承租人。

保证——将债权人被欠债的风险转移给担保人。

转让——通过买卖或赠予的方式，将所有权让渡给他人。

转包——通过承包方式，将经营和管理权让渡给他人。

保险——通过支付一定费用购买保险，将风险转给承保人。

转移风险方式中，最重要的措施是保险。

（四）看准市场

市场是一切商品买卖行为或商品交换关系的总和，各种商品供应和需求的关系、矛盾、变化和发展趋势都通过市场得到集中反映。农业创业者只有把握市场的走势，才能避免市场波动产生的风险。

农药使用量“零增长”已成为行业发展的趋势，要将这一目标真正落地，农药企业的作用不可或缺。现代农业发展的新形势对农药生产企业的生产经营提出了更高的要求，对生产企业的产品结构调整提出了迫切要求。要做到使用量“零增长”，就意味着要提高产品品质和质量，生产新型高效低风险农药。这就要求农药生产企业加速开发高技术产品，以适应“零增长”的需要。农药行业必须加快淘汰落后产能，加快培育新的战略性增长点，大力发展高效低风险农药、药肥一体化产品、生物农药等。

农药企业要走向市场，除调整产品结构以满足市场需求外，转换方式是必做的功课。随着农业现代化的推进，农作物的结构调整也在加快，对高效低风险农药的需求会大大增加。农药企业必须把推动由生产同质化产品为主向生产个性化、特色化为主转变，由生产经营型向生产服务型转变，通过转型升级，充分发挥多种形式在结构性改革中的引领作用，为企业发展提供新的市场空间。

（五）掌握技术

农药销售的不仅仅是产品，更是对农作物生长规律了如指掌后的对症下药。只有掌握了农业核心技术，快速而准确地掌握病因，才能为农药购买者提供优质有效的农药产品，真正解决农药使用者的难题。

当国家启动“化肥农药零增长行动”后，一些传统农资人对行业发展大唱“哀歌”，却没有看到所蕴含的巨大机会。这其实给了农资人从“卖药”向“行医”转变的空间，真正深入到田间地头，根据作物的营养所需和病情特点，配以合适的“食疗”“药方”，以更加精湛的“医术”，赢得农民的信任，到那时，沿街叫卖的“药贩子”“肥骗子”就会真正成为时代记忆了。

在“化肥农药零增长”的大背景下，作为主打“中药”牌的生物肥料和生物农药，必然迎来新的发展契机。前提是政策要跟上，除了对生物肥、药企业采取政策倾斜，开辟专门的生物肥、生物药或药肥合一的认定通道，更要给使用生物药肥的农产品订立标准，以实现优质优价。科研要“应用效果”与“机理解释”并重，不仅要“用着好”更要“说清为啥用着好”。农资人“行医”要先医再药，不仅仅是为了卖产品，更重要的是通过诊断给出药方，钻研怎么把药或肥进行组配，给农民提供一学就会的“傻瓜套餐”。

（六）争取协作

随着知识经济时代的到来，各种知识、技术不断推陈出新，竞争日趋紧张激烈，社会分工和社会需求越来越多样化，人们在创业过程中所面临的情况和环境也更加复杂。在很多情况下，单靠个人能力已很难处理各种错综复杂的问题，更难采取切实高效的行动。所有这些都需要人们相互协作，协作者之间也将进一步相互依赖、相互关联、共同合作，通过协作来解决错综复杂的问题，并进行必要的行动协调，依靠协作的力量创造奇迹。

（七）加盟协会

在激烈的市场竞争中，农业是弱势产业，农民是弱势群体。为了降低生产成本，降低市场风险，提高盈利水平，就需要通过合作联合起来，借助外部交易规模的扩大，节约交易成本，提高竞争中的地位，使产品按合理价格销售。同时，还可通过扩大经营规模，提高机械设备的利用率等，寻求规模效益。如农药企业可以加入中国农药工业协会、中国农药发展与应用协会，参加协议活动，获得最新信息，争取市场主动权。

知识拓展

中国农药发展与应用协会

中国农药发展与应用协会(China Association of Pesticide Development & Application，CAPDA)成立于2006年9月，由从事和有志于农药科学发展与应用的管理机构、事企业单位、社会团体及农村专业合作经济组织等单位或个人自愿组成、依法成立的具有法人资格、全国性的非营利性社会团体。本协会以服务政府和行业为宗旨，充分发挥在政府沟通和行业联系方面的优势，维护和保障会员合法权益，推动会员间团结协作，联合社会各界力量，形成整体优势，促进中国农药事业科学全面健康发展。

资料来源：http://www.zgnyxh.org.cn/page_view.asp? id=937

练一练

1. 根据创业风险的分类，分组讨论如何规避农药创业的风险。
2. 结合自己的创业情况，设计一份农药保险计划。

项目五

乡镇种子经营店的创办分析

知识目标

1. 了解乡镇种子行业市场行情。
2. 掌握乡镇种子经营店经营财务分析。
3. 了解乡镇种子经营店行业风险。
4. 掌握成功实现乡镇种子经营店创业应注意的问题。

技能目标

1. 能够开展乡镇种子行业市场行情调研。
2. 学会为乡镇种子经营企业进行财务分析。

【覃伟的创业故事(一)——产生创业想法】

覃伟是广西某农业职业学院的毕业生,毕业后从事过种子、农药等农资销售工作,但一段时间后他觉得自己不合适长期外地出差的工作,不适应随时和陌生人打交道的环境,且长期打工无法满足自己把控职业生涯方向的愿望,他产生了辞职创业的想法。在经过与父母商量后,结合自己的专业知识和职业经历,他决定回到家乡,在乡镇创办一家种子经营店。

任务一　了解乡镇种子市场行情

一、了解乡镇种子市场行情

有了创业的想法,就要进行创业的行动。但是在真正创业之前,要了解市场的情况。有市场是一个行业发展的前提和基础。要想从事某一行业的创业活动，就要了解这一行业是否有市场机会，千万不能光看到别人做得好、听别人说这个项目不错等市场表象而贸然创业，更不能凭想象试试看，这样的创业极易失败！

（一）了解种子市场容量

在乡镇，要创办一个种子经营店，要先了解该地区的市场情况。一是要了解该地区的农业自然资源，即农业生产可以利用的自然环境，主要包括气候资源、土地资源、水资源和生物资源，其中土地资源是重点。二是了解该地区的农业生产结构、农村经济政策、农业经营效果等。三是了解市场需求情况，如该地区的各种作物种植面积和品种供应情况，所需要的各种农资（含种子）种类的数量及变化趋势，该地区对各类农资产品的质量、包装、运输、服务方式等方面的要求等。据此，就要了解整个乡镇有多少亩可耕种的土地？水田、旱地各多少？主要种植作物是什么？每年的耕地复种指数怎样？每亩土地平均一年的种子用量是多少？种子成本是多少？本地区种子市场总量是多少？销售额是多少等。

【覃伟的创业故事（二）——了解种子市场容量】

有了创业的想法后，覃伟就着手进行市场调查，他认为还是在自己家乡所在的乡镇开办种子点比较好，因为是本地人的原因，顾客更容易认可，在创业初期容易打开市场，减少创业难度。因此覃伟就在自己的家乡南宁市某镇进行了调查。通过调查，他掌握了以下信息：该镇位于南宁市西南部，距市区 26 公里，与南宁市西乡塘区、崇左市扶绥县相邻，地形以丘陵为主，有耕地面积 81 754 亩（其中水田 40 726 亩，畲地 41 028 亩）。辖区内林业资源丰富，共有林地面积 71 490 亩（其中森林面积 55 965 亩），覆盖率为 23%。农业生产除水稻种植外，是以四季豆、辣椒、黄瓜、甜玉米等蔬菜为主的生产格局，是远近闻名的南菜北运生产基地，全镇年种植蔬菜达 65 000 亩以上，镇政府对于农业生产极为重视，引进大的农业开发公司进来，开展土地流转，形成“公司＋基地＋农户”的模式，同时大力扶持农家乐、农业休闲观光等，带动农业生产水平的提高。按以上信息，他认为该镇的农业发展前景不错，推测该镇 4 万亩水田，一般一年两造水稻用种平均 80 元/亩左右，共 320 万元；6.5 万亩蔬菜一年用种平均 150 元/亩左右，共 950 万元；两项合计共 1 280 万元。他认为只要自己能够占据 10% 左右的销售额，就可以保证生存和盈利，成功创业。

（二）确定目标客户群

在乡镇开设种子经营店，也要明确经营对象。一般广西大量种植的大田作物有水稻、玉米、花生等，园艺作物有辣椒、茄子、番茄、黄瓜、甜瓜、冬瓜、西瓜、四季豆、甜玉米、糯玉米、甘蔗、木薯、大豆等，其他作物还有柑橘、香蕉、木瓜、火龙果等园艺果树和速生桉等经济林木等，它们相对应的种子苗木各有特点，一家种子经营户并不能够经营完所有的这些种子苗木，需要确定自身经营优势，面向不同的种植客户群，争取最大化的客户群体。

（三）种子购销渠道

当前我国的种子生产经营政策，在主要农作物种子方面是将生产与经营销售分开的，经营规模大的种子公司既生产种子，又批发、零售种子，需要办理种子生产许可证、种子经营许可证；非主要农作物种子的生产经营则不需要许可证。作为乡镇一级的种子经营店，经营销售不再进行分装的种子，不需要以上许可证书，只需要完成工商注册等手续，即可向大的种子生产商、种子批发商申请代理权，进货销售。但要注意的是，主要粮食作物如水稻种子、玉米种子都有适宜推广的区域，如引进的品种不是该地区的推广品种，则不能在此区域销售，否则容易引起减产减收，引发矛盾纠纷。

注：按《中华人民共和国种子法》规定，主要农作物是指稻、小麦、玉米、棉花、大豆。

（四）了解竞争对手

在乡镇开种子经营店，必然会有同行业竞争者。了解竞争对手，“知己知彼”才能在同业竞争中站稳脚跟。了解竞争对手情况，就要了解在本乡镇的种子经营店数量、产品营销规模、产品市场占有率；竞争者的人员规模、年龄结构、经营管理水平、销售方法、促销手段和供应能力；竞争者的产品成本、售价、利润等；竞争者的经济实力和市场竞争能力等。

【覃伟的创业故事(三)——了解你的竞争对手】

进行了初步的调查后，覃伟又对在该镇的其他种子经营店进行了调查，通过询问、现场实地调查、蹲守等方法，掌握了以下信息：该镇规模较大的种子经营店有11家，销售额在几十万至两百万之间，还没有形成“一家独大”的局面；主要是夫妻店，种子经营者大多在四五十岁，年龄偏大，经验丰富，但多数学历不高，掌握新知识的意愿不强，能力不足，不太接受新产品、新事物；大多数经营者只是简单的到上一级种子经销商进货后加价销售，提供服务产生附加值的不多。

二、发现和把握种子市场的方法

为了开好种子经营店，需要了解该地区的种子市场行情，要了解市场行情、市场信息，就要进行市场调研，即运用科学的方法对种子市场的情报进行搜集、整理和分析，并写出调研报告的过程，以便确定合适的客户群，选择正确的策略，制定正确的市场营销决策。

种子市场调研可分为4个步骤：

（一）确定问题及调研目标

在乡镇开办种子店，就要将前述该地区的种子市场容量、目标客户情况、种子购销渠道、竞争对手情况等列入调研资料中，用以确定该地区是否能够再容纳一个新的种子经营者以及如何打开销售局面等问题。

（二）制订收集信息的调研计划

在明确了调研问题及目标之后，创业者就可以拟定资料收集范围，而后再通过现有资料收集所需要的信息，或者是通过实地调研获取原始资料。现有资料也叫二手资料，是指经过他人收集或者整理过的资料，包括企业内部的各种记录、凭证财会资料、报表、情报资料、企业编撰的行情动态和工作总结等以及政府公开出版的各种书籍、报刊和各类咨询公司信息机构提供的各种有关数据等，调研人员一般可以迅速、全面地得到现有资料，但要注意这些资料的可靠性、有效性和公正性；原始资料又叫一手资料，是指调研人员通过实地调研得来的初始资料，这些资料能直接揭示市场活动过程中的情况和问题，可直接感受和接触市场现象。原始资料的收集可用观察法、访问法等调研方法进行，通过邮寄、现场发放问卷、电话调查、面谈等方式在确定抽样单位、样本大小的前提下完成。

（三）执行调研计划，收集和分析数据

调研中的数据开始阶段是花费最大而且容易失误的阶段，通过面谈进行调研时调查人员应尽量避免给被调查者造成压力，减少无关或者枝节问题的干扰。直

接来自问卷或者其他调研工具的原始资料往往杂乱无章，无法使用，必须经过分析和处理，如计算一些主要变量的平均值和离散程度等，有时候还要借助分析系统进行分析以便发现有助于决策的信息。

（四）编写调研报告

编写调研报告是市场调研的最后一步，是对问题的集中分析和总结，也是调研成果的反映。调研报告的编写原则是内容客观真实；重点突出而简要；文字简练；应利用易于理解的图、表说明问题；计算分析步骤清晰，结论明确。调研报告的内容包括调研过程概述，也称摘要；调研目的，又称引言；调研结果分析，这指调研报告的正文，包括调研方法、取样方法、关键图表和数据；结论和建议；附录，包括附属图表、公式、附属资料及鸣谢等。

通过市场调研，创业者对本地区本乡镇的种子市场有了全面深入客观的了解，对于是否创办一家种子经营店以及之后的经营状况都会有自己的明确答案，之后就可以放手去开展创业实践了。

练一练

设计一份种子市场调研表。以 3～4 名同学为一组，设计一份种子市场调研表，调查学院或者家乡附近的乡镇种子市场，写一份种子市场调研报告。

任务二　掌握种子经营店创业效益分析方法

开店创业，面临的问题很多，最直接的就是资金问题。要成功创办种子经营店，就要充分进行估算，对投资、流动资金、成本核算、销售收入利润等有充分的了解和认识，才能心中有数，顶住最初艰难的时刻，赢得创业的成功。

一、估算种子经营店创业资金

创业启动资金分为投资（固定资产）、流动资金 2 种。

投资（固定资产），是指为企业购买价值较高、使用寿命长的资产及开办企业所支出的一次性费用。它包括固定资产（如机器、设备、房屋等）和开办费（如证照费、开业前员工的培训费等）。

流动资金，是指企业日常运转所需要支出的资金。种子经营店在开张后要运转一段时间才能有销售收入，需要足够的流动资金来支付一段时间的费用。这些费用包括买原料、做促销活动、支付租金、水电、工资、保险费等。

【覃伟的创业故事(四)——启动资金估算】

覃伟经过了市场调研，认为种子经营是有市场的，对在乡镇开种子经营店有足够的信心。但是对于开店的启动资金需要多少，价格如何，销量多少才能保证种子经营店正常运行等问题还不是很清晰。覃伟现在只是一个人进行创业，手上有工作积蓄的2万元资金，父母支持他5万元，总共7万元资金作为启动资金，接下来他做了启动资金估算，看看资金是否足够，在一年以上的时间里是否能够支撑过去。

根据表2-5-1、表2-5-2计算出所需启动资金＝投资＋流动资金＝26 900＋153 380＝180 280元，这一数字远远超过了覃伟之前的估算，这还能顺利创业吗？覃伟觉得，流动资金的算法不太正确，因为在开业的2个月时间里，不可能卖不出一斤种子，不取得一点销售收入，这不能体现资金流动的情况，他要进行进一步的成本核算和现金流量计划。

表2-5-1　投资(固定资产)预算表

项目		数量	费用(元)	备注
场地及环境设备	店面装修	—	5 000	租用店面进行简单改造，不另装修
	柜台	1	1 500	
	货架	4	2 000	
	风扇	2	200	
	空调	1	2 000	
	灭火器	1	100	
办公用品	办公桌椅	1	1 500	
	电脑	1	3 000	
	文件柜	1	300	
	饮水机	1	200	
	台秤	1	100	
	磅秤	1	400	
运输工具	面包车	1	10 000	二手车，五菱之光
开办费	登记注册和工商营业执照		100	
	店面招牌	—	500	
合计			26 900	

表 2-5-2　12 个月流动资金预算表

项目	费用(元/月)	12 个月费用(元)	备注
店面租金	800	9 600	
开业活动、促销	400	4 800	开业庆典，新开店面每个月都有促销宣传
水电费	150	1 800	
电话、宽带	200	2 400	
广告宣传费用	100	1 200	
工商管理费	15	180	有优惠政策
工资	800	9 600	保障自身最低生活消费
种子进货	10 000	120 000	种子种类极多，各种种子价格差异极大，此为平均每月购买成本。
其他	300	3 600	
合计		153 180	

二、种子经营店创业成本核算

企业能否存活在于经营成本的控制能力，成本控制不好往往会让企业陷入资金链断裂等财务困境。一旦成本大于收入，必然亏损，乃至最终倒闭。那么，产品的成本由哪些构成呢？企业成本分为固定成本和可变成本。固定成本是指固定投资的成本，可变成本是指买进的产品、在出售的商品、以及为售卖商品所提供的服务，另外还有一种特殊成本叫折旧成本，即固定资产不断贬值而产生的成本。

【覃伟的创业故事(五)——成本核算】

覃伟询问了读书时上“企业经营管理”课的梁老师，并且重新学习了一些相关知识，意识到产品成本是产品定价的重要依据。产品成本＝买进时的商品成本＋固定投资的平均折算成本＋设备折旧费平均折算成本＋其他经营活动产生的成本。在原来的估算中覃伟遗漏了固定资产折旧成本；同时，店面租期 5 年时间，前期的开办费用也要摊进成本，计划在 12 个月内收回成本。覃伟开办的种子经营店，大田作物水稻种子进货价格在 4～7.5 元/千克，玉米种子在 5～7.5 元/千克，蔬菜作物中番茄种子较贵，一般 150～500 元/100 克，甜玉米种子 10～

15元/千克等。在种子销售价格上普通品种一般售价在进货价基础上上浮10%～20%，优良畅销品种可达50%～100%，平均下来可以上浮20%左右。由此他进行成本计算如表2-5-3所示：

表2-5-3　固定资产折旧表

项目	年折旧率(%)	年折旧费(元)	月折旧成本(元)	备注
店面装修	20	1 000	83.4	
柜台	20	300	25	
货架	20	400	33.4	
风扇	20	40	3.34	
空调	20	400	33.4	
灭火器	20	20	1.67	
办公桌椅	20	300	25	
电脑	20	600	50	
文件柜	20	60	5	
饮水机	20	40	3.34	
台秤	20	20	1.67	
磅秤	20	80	6.7	
面包车	20	2 000	1 667	
登记注册和工商营业执照	20	20	1.7	
店面招牌	20	100	8.4	
合计			1 949.02	

这样计算，每个月的固定资产折旧成本在1 950元左右，这些都要计算为产品成本，再进行成本核算。由此，覃伟计算出每月种子经营店的总成本(除种子进货成本之外)如表2-5-4。

表2-5-4　成本核算表

项目	费用(元/月)	备注
店面租金	800	
开业活动、促销	400	
水电费	150	
电话、宽带	200	
广告宣传费用	100	
工商管理费	15	

续表 2-5-4

项目	费用(元/月)	备注
工资	800	
其他	300	
折旧及开办摊销费用	1 950	
合计	4 715	

一个月里面不含种子进货费用的固定成本为 4 715 元。假设 10 000 元的种子，按 20％加价销售，卖得销售额为 12 000 元，有 2 000 元毛利润；但成本为 10 000＋4 715＝14 715，销售额减去成本，亏损 2 715 元。只有每个月毛利润在 4 715 元以上，才能做到收支平衡，这样计算需要种子销售额为 23 575 元，对应的种子进货费用为 19 645.83 元，约为 20 000 元。所以尽快使每月销售额达到约 24 000 元左右，年营业额达 288 000 元以上，是种子经营店能够生存的关键。

三、种子经营店创业利润分析

要想知道企业是否有盈利，大概什么时候有盈利，就必须先知道自己按照计划的销售收入和成本如何，做到心里有数。利润来自销售收入减去经营成本。销售与成本计划使你既看销售也看到成本，并对你的利润一目了然，知道企业是否在盈利。当你要开办一家新企业时，你要对企业每一年每个月的利润进行预测。在创办、经营企业的过程中，对于销售预测不可太乐观，要合乎实际，宁低勿高。在企业运行的前几个月甚至 1 年内，销售局面还没有打开，销售收入不会太高，要达到收支平衡还需要一段时间。

【覃伟的创业故事(六)——销售计划与利润分析】

覃伟进行了成本核算，做了销售计划。现在覃伟要做的就是将销售与成本做成一目了然的计划表，预测种子经营店利润情况(表 2-5-5、表 2-5-6)。

表 2-5-6 中，覃伟按照种子行业的销售淡旺季明显的特点进行计划，12 个月可基本达到收支平衡。前面在估算启动资金时，发现有很大的资金缺口，现在通过销售计划及成本计划与利润分析测算，覃伟用他个人及父母支持的 70 000 元资金，扣除一次性投资的 26 900 元资金，其余流动资金按月分摊加上种子进货成本，剩余资金足以应付资金需求，没有资金缺口。

表 2-5-5　销售预测表

单位:元

项目＼月份	1	2	3	4	5	6	7	8	9	10	11	12
销售金额	20 000	30 000	40 000	15 000	15 000	40 000	30 000	20 000	20 000	25 000	20 000	15 000
合计	290 000											

表 2-5-6　成本计划与利润分析表

单位:元

项目＼月份	1	2	3	4	5	6	7	8	9	10	11	12	合计
销售金额	20 000	30 000	40 000	15 000	15 000	40 000	30 000	20 000	20 000	25 000	20 000	15 000	290 000
成本	4 715	4 715	4 715	4 715	4 715	4 715	4 715	4 715	4 715	4 715	4 715	4 715	56 580
	16 667	25 000	33 333	12 500	12 500	33 333	25 000	16 667	16 667	20 833	16 667	12 500	241 667
	21 381	29 715	38 048	17 215	17 215	38 048	29 715	21 381	21 381	25 546	21 381	17 215	298 247
利润	−1 381	285	1 952	−2 215	−2 215	1 952	−285	−1381	−1 381	−546	−1 381	−2 215	−8 247

注:成本第一行是每个月的固定成本,第二行是购买种子的成本,第三行是成本的合计。

四、种子经营店创业现金流量计划

资金链断裂常常是缺乏管理经验的业主所遭遇的，导致企业经营中途失败。制订现金流量计划让你清楚了解企业每个月会有多少现金流入和流出。它将帮助你及时了解现金的流量，使你能及时调整销售策略，加快资金周转速度，使你的企业在任何时候都不会出现现金短缺的威胁。

【覃伟的创业故事(七)——发现现金流量情况】

覃伟重新学习了相关的企业经营管理知识，知道了资金链的重要性。原来他也准备做一个现金流量计划，保证资金链安全。但在实际经营中他发现在乡镇的种子经营基本上是现货现金交易，少数熟人会有赊账情况，但是也不会对现金流量产生重大影响。而且在向上一级种子批发商进货时，他可以赊账或者是代卖，这样他的现金流量情况更好了，他还是尽量使用现金结款，避免对方资金链紧张。

这样的情况使他的资金链很安全，他的信心极强。但是经营中他发现了更多的情况：种子经营的淡旺季现象超乎他的想象，旺季与淡季的销售差别可以说是天壤之别。观察同行们的销售状况，旺季的3个月就可以占有全年销售量的70%～80%，抓紧旺季几个月一年的生意就有保障了，而他因为是新店，旺季不旺，淡季更淡，经营业绩不如想象的那么如意，达到收支平衡的时间会更长；在淡季时必须上简单的农药、叶面肥、微生物肥等其他农资增加销售额等。这样他又开始了新的市场营销计划、产品开拓战略、成本、销售、利润分析。

任务三　掌握规避种子经营店创业风险的对策

创业是一种价值风险投资，所以每位创业者都必须遵从量力而行的原则，才能安稳创业。若拿着自己的血汗钱或者借钱创业，则在选项目时，就要尽量规避风险较大的创业项目，用为数不多的资金投资到风险较少、规模较小的创业项目当中，积少成多滚动发展。

一、种子经营店创业面临的风险

（一）市场风险

有市场机会才有创业成功的可能。但是，市场受经济发展的影响，瞬息万变，难以捉摸。需要创业者具有发现和掌握经济发展规律的能力。而这些能力的获得并不是一朝一夕的，而是需要在市场经济的浪潮中不断积累经验教训领悟出来的。

种子经营店的市场风险主要体现在：

一是同行间竞争激烈。每一个市场区域内都有几家到十几家同类种子店在经营，相互之间的竞争极为激烈，大家基本上经营范围、种类、数量都差不多，要想在其中选出高产、优质、高效的品种来获得顾客、市场的青睐是很不容易的。

二是种子进货过程中遇到假冒伪劣种子，不能够准确鉴别而进货并销售给顾客，造成顾客种植后产量、质量出现重大损失，引发纠纷。

三是销售的种子商品滞销，造成压库严重，既占用资金，又浪费场地、时间、人力管理。如不能退回给上级批发商，损失惨重。

（二）企业管理风险

种子经营店经营者遇到的企业管理风险有：

管理不善——经营者不懂得企业管理知识，管理经验缺乏，发现问题不能及时地采取行动。如核算成本不仔细，没能很好地控制现金流量，收支失衡，即使发现问题也不能及时采取行动，缺乏市场应变能力造成资金链断裂。

缺乏技能和专门知识——不会管理资金、人员、机器、库存，不懂怎样与顾客做生意；技术控制不当，全军覆没；产品加工跟不上。

经验不全面——往往有销售经验，却没有采购经验；有财务经验，却没有生产或销售经验等。

市场营销问题——由于市场调研不到位，销售渠道不畅，广告不到位、商品质量差、跟踪服务不到位以及店面布置陈设不吸引人，不能招徕足够顾客。或产品不对路，在企业运行时往往没有宏观的判断，不能及时了解市场需求信息及其变化，没能及时调整产品构成，造成产品销售不出去。

（三）灾害性风险

种子经营店最大的灾害性风险是火灾。火灾一旦发生，企业将遭受重大损失。同时经营的种子播种后遇到自然灾害或者是病虫害的侵袭后难以界定是种子质量问题还是其他原因而遇到消费者索赔，引发纠纷后往往对经营者信誉造成重大影响甚至是毁灭性的打击。

二、规避风险的对策

（一）确保商品质量

坚决杜绝假冒伪劣商品、残次品，注意先进先出，随时检查商品的出厂日期和保质期，并保持商品的外观清洁，以高质量赢得消费者信赖。种子作为特殊的商品，需要一段时间才能展现其高产优质的特点，需要时间来验证，新开的店，如果加上是新品种，更加需要时间慢慢打开市场。

（二）掌握技术，运筹帷幄

一旦启动了创业计划，就必须付出比常人更多的努力。主动向同行学习企业运营及管理技术，主动参加企业经营管理方面的培训，提高管理技术，及时识别市场信息，及时应对风险，避免企业因管理不当而陷入危机。

（三）选好地段，看准市场

种子经营店所处的地段、位置是创业成败的关键因素之一。地段决定了人流量，增加了潜在顾客量和目标顾客量。最好是和同行聚集在一定的区域范围内，成行成市，不怕同行竞争，同时方便顾客选择。

有市场机会是创业成功的决定性因素。没有市场，所有的企业构想都只是纸上谈兵、空中楼阁。一种产品是否有市场机会以及市场大小，需要创业者通过详细的市场调研获取信息来进行判断。你需要对市场调研信息进行整理、甄别、筛选、归类，进行可行性分析，并写出一份详细的调研报告。经过分析，看准了市场才能启动创业计划。

（四）投入保险，减少损失

为企业投保，减少因灾害性风险产生的损失。

任务四　成功实现创业

要想成功开办种子经营店，需遵循以下原则：

一、做好产品策略

产品是市场营销中最重要的因素。没有产品就没有市场，只有高质量的产品才能够在市场中站稳脚跟。从产品的角度，就要做到以下3点：

（一）把好产品质量

正如前面规避风险对策所讲述的：坚决杜绝假冒伪劣商品、残次品，注意先进先出，随时检查商品的出厂日期和保质期，并保持商品的外观清洁，以高质量赢得消费者信赖。种子作为特殊的商品，需要一段时间才能展现其高产优质特点，需要时间来验证，新开的店，如果加上是新品种，更加需要时间慢慢打开市场。

（二）诚信经营

“人无信不立”，诚信经营是经商的基本原则。纵观身边的旺铺，都是质量过硬、信誉过关的；没有信誉做保证，即使摆出“亏本大甩卖“的架势，恐怕消费者也不会买单。

（三）优质服务

为顾客提供优质的服务已经不是什么新鲜话题，但是能够做得好的零售商不多。一是在店面经营中服务态度生硬，口气恶劣，使服务对象难以接受；二是提供给顾客（农民）的产品之外的服务不多，如到村子里给农民讲课，提高科学种田知识，到田间地头开展种子、农药的售后服务，解决农民的技术难题等。

（四）做出产品特色

没有特色就不会有鲜明的印象。种子经营店如果营业面积不大，但商品却琳琅满目，林林总总，有可能会给顾客产品单件数量少，缺乏产品深度，产品组合少，满足不了顾客需求的感觉，使得人气不旺，没有回头客。在相对专业的种子店里，商品不一定要齐全。只有更好地满足顾客的需要，突出特色才能给人留下深刻的印象，赢得顾客的青睐。种子经营店要在经营的几大类作物种子中，筛选出产量高、品质优、性价比高的品种，作为自己的拳头产品，也就是自己的特色产品。围绕着拳头产品深耕品质、服务等，利用拳头产品打开局面，增加销售额，一个拳头产品的销售额就可以达到十几万甚至几十万，占据总销售额的50%甚至更高，同时带动其他产品的销售。

二、制定好的价格策略

价格是顾客购买产品最敏感的因素。一般而言，人们总是希望花最少的钱办更多的事。种子店经营者可以利用人们的这一购物心理进行合理定价，避免顾客闻价而“色”变，而失去大批的顾客。

（一）低价渗透策略

商家经营生意，最终目的都是赚钱，这就要求价格的制定必须以成本为基础，不可能低于成本销售。所以要保持价格竞争的优势，就要从源头做起，大批量直接采购，减少中间环节，提高经营效率，争取厂家让利等措施，千方百计降低成本，实行薄利多销。

（二）平头低尾法

将价格的“龙尾”微微一降，就给人降低很多的感觉。如标价为20元和标价为19.9元的商品，经常给人两个水平的感觉，实际相差很少。

（三）错觉定价法

有一个种子店的玉米种子500克装，售价13.5元，又推出一种450克装的产品，定价12.8元，一时销路看好，因为消费者对重量的敏感远远低于对价格的敏感。仔细算一下会发现，二者定价相差无几，甚至后者还略高一些。

（四）季节折扣

根据产品淡旺季和消费者购买的时间、数量，来决定是否给予折扣，折扣多少的策略。如有的农资店推出的“冬储化肥”的销售就是属于这种类型。这种定价运用得当不仅可以吸引消费者，还可以有效调节淡季客流过少的情况，使店面常常顾客盈门，不至于淡季客流总是冷冷清清、生意萧条的样子。

三、擅用促销方法促进经营

促销是企业市场营销活动的基本策略之一，也叫销售促进。它是指企业采用各种手段和方式向消费者或者用户传递商品或劳务的信息，从而引起消费者的兴趣，激发消费者的购买欲望和购买行为的活动。促销实质上是卖方和买方之间进行营销信息沟通的过程，是把企业和消费者有机联系起来的活动。促销是提升人气最快捷有效的方法，但前提是一定要懂得促销的方法，否则有可能适得其反。

（一）做好促销前的宣传工作

“酒香也怕巷子深”，再好的促销方式消费者不知晓，也只能“胎死腹中”。做好促销前的宣传工作是达到促销目的的前提。一般而言，一个店面的辐射能力因其自身实力的强弱也有大小之分。促销宣传要在店面的辐射范围之内，针对目标消费者进行；在店面辐射范围之外的宣传工作只能是浪费钱财，起不到什么实质性的作用。

在乡镇经营种子店，可以利用店面的广播、喇叭进行预告，也可以利用小货车、拉客的“三马仔”进村宣传，让更多潜在消费者知道促销信息，让促销活动效果增加。

（二）巧妙制定促销方法

促销方式的合理与否直接关系到促销效果的好坏，在制定促销政策的时候，一定要先对目标顾客进行市场调查，有一个整体的把握，然后有针对性地制定相关方法，这样才能起到较好的效果。

1. 低价吸引

某种子店将售价为 3 元/千克的种子，以特低价 2.25 元/千克出售，消息一传出顾客便蜂拥而至，生意兴隆，门庭若市，商店也名声大振。这种种子卖出去的越多，看上去是亏的越大，但实际上种子店盈利却达到了空前的水平，原因在于前来购买种子的人，认为该店的其他种子和种衣剂等也是最便宜的，就顺便也买了一些，这部分的盈利远远抵消了这种种子的亏空。这样，一亏多赢，既创出了知名度，又赚了钱，可谓名利双收。

2. 积分消费

现在很多商场推出了会员制，发行会员卡，当顾客在店里购买商品达到一定数量时就可以得到一定的返利。如累积购满 1 000 元返利 50 元，满 1 500 元则返利 100 元等，以实物或购物券的形式兑现，吸引了大量的消费者，同时有效地培养了顾客的忠诚度，种子经营店也可以借鉴这种方式。

3. 赠品促销

在某地的一家种子店每逢旺季总是人满为患，这是什么原因呢？原来吸引农民的不单单是质优价廉的种子，还有免费提供的赠品如草帽、扇子、水桶等物品，这些物品成本很低，但满足了农民贪小便宜的心理，也正好适应了农民的需求，自然很多农民前来光顾。

4. 创新促销方法

某种子店经营户在开业初期，根据本地特点，针对农民销售难的问题，联合饲料厂、加工厂向农民承诺按不低于市场价（或者保价）回收粮食，这极大促进销量增长，也顺利打开市场；另外还有些种子店提供代客育苗服务，免费帮助顾客育苗，这也很好地带动了销售的增长。

如今促销方法越来越多，但只有符合顾客的心理和需求的才可能收到良好的效果。一般来说，种子经营店要结合自己产品的性质、特点以及消费者的购物习惯等因素，选择合适的方式，以新取胜，同时确定合理的期限。但不管哪一种方式，促销过程中一定要杜绝虚假、诚信经营，否则损害了商店的信誉，只能“搬起石头砸自己的脚”，得不偿失。同时，在促销过程中，不要忽视中后期的宣传，一方面，令消费者感到商家兑现行为的可信性，引起更多消费者的注意和购买欲望；另一方面，可以增强商店的良好形象，形成良好的口碑，吸引更多的顾客。

四、地段好才有大市场

地段决定了市场。如前面“规避风险的对策”中提到，地段决定了人流量，增加了潜在顾客量和目标顾客量。最好是和同行聚集在一定的区域范围内，成行成市，不怕同行竞争，同时方便顾客选择。

【覃伟的创业故事(八)——找到自己的拳头产品】

覃伟在自己的家乡成功开办了种子经营店，但是在经营过程中他发现自己的店旺季不旺，淡季更淡，经营业绩不如想象的那么如意，达到收支平衡的时间极有可能比预计的要更长，达到盈利就更加困难了。为此他进一步进行调研，主要是观察其他种子店的经营状况，经过一段时间的观察，他发现镇上几个经营得好的种子店旺季的三个月就销售了全年绝大部分的种子，其余时间销售量很小，同时这几个店都有自己的特色，有自己的拳头产品，如有一家种子店主要销售一个台湾超甜玉米品种，消费者(农民)极为认可这家店这个品种，几乎垄断了全镇甜玉米的市场，其市场份额在60%以上，销售额在40万元以上；另一家一个浙江的牛角椒品种，也是占据极大的市场份额，销售额极为可观。调查到以上情况后覃伟也做了分析，决定避开那些已经有了成熟渠道，市场份额已被占据的作物种类，另辟蹊径找到新的蓝海。他利用从事销售工作的人脉资源，联系了几家种子公司提供优质品种给他，他沉下心来，发动自己父母、亲戚朋友做了小规模的试验试种和示范种植，很快筛选出适合本镇种植的西瓜和甜糯玉米品种，在加强宣传、积极促销和扎实开展售后技术服务的情况下，打造成了他的种子店的特色产品、拳头产品，迅速打开了局面，销售额得到很大提升，销售利润可观，也站稳了脚跟。

练一练

到乡镇走访种子经营户，了解其经营状况，针对其存在的问题提出具体措施解决，拟订一份促销计划。

附录一

农业典型创业项目

创业项目一　马山县白山镇兴华村韦情创业做木瓜

“我曾经也梦想有一天能够铁肩担道义，辣笔著文章。”眼前这位戴着一副黑框眼镜，头上顶着草帽，穿着一双沾满泥巴解放鞋的年轻人就是2016年返乡的90后大学生韦情。

4年前毕业于广西大学农学院农业资源与环境专业，是白山镇兴华村为数不多的重点大学本科毕业生之一。他说，自己曾经想做一名记者，大学期间跟着中国青年报的记者谢洋学习新闻报道。“也许是命运的安排，我刚好做的是大学生创业板块的新闻调查报道”，偶然的机会，他得以采访广西香蕉大王、广西金穗集团董事长卢义贞，“我被他的创业故事和创业模式震撼到了，原来在农村可以这样利用土地来创造财富，造福乡里”。于是，他返回自己的家乡——马山县白山镇兴华村，开始铸造属于他的土地财富梦。

1. 艰难的起步，坚持的勇气

“万事开头难，这句话我是有真切的体会”，在有了回乡创业的想法之后，韦情跟他的大学同窗好友肖欧学昌一拍即合，开始为他们的木瓜王国梦做筹备工作。“所有筹备工作的问题中，最难的就是启动资金的筹借”，他说开始家里父母非常反对，认为好不容易培养出一个大学生，不应该又回到大山里面朝黄土背朝天。“所有的亲戚都反对，他们觉得做农民是没文化的人该干的事，但我就是想让他们知道种地，我一样能种出属于我自己的‘王国’”，他说。虽然家里人反对，身边的朋友还是支持，好友中每个人1万或2万众筹到一部分的资金，父母拗不过也尽自己能力帮扶了部分资金，最终两个人筹到了 42 万元，就风风火火的开始踏上他们的创业之路。

1 月 15 日，他们以每亩 400 元的价格，从上甘、下甘两个自然屯流转了 155 亩的土地，并开始翻地种植日升大白皮水果木瓜。“村里很多人都没见过水果木瓜，知道我要种植木瓜都没看好，觉得肯定会亏钱”，村民们很多人都等着看这两个大学生的笑话，觉得好好的不在办公室吹空调，跑到村里满身泥土的种地，活得还不如他们在广东打工的子女轻松。“遭受了很多冷眼和不解，但我既然决定做的事我咬碎牙齿也要坚持做完”，韦情说。

2. 打破传统种植，开启种植新理念

“我们不仅是种了村民无法理解的水果木瓜，而且做了水肥药一体化种植”，韦情介绍，他们一翻完地就开始在地里布水管，拉滴灌带。“我们村比较缺水，所以我们选择了滴灌，但村里面的人没见过，觉得我们不仅不是种地，而且很浪费钱”，村民们觉得与其花十几万去装置滴灌设施，还不如买个 500 块钱的农用潜水泵实在。事实证明，滴灌系统确实给这两个年轻人带来巨大的方便。2016 年 6 月至 7 月中旬，马山遭受了 40 多天的高温，并且滴雨未下，这个被村民称之为浪费的滴管系统开始发挥它的作用，在极度缺水的情况下，滴管系统的运作给这 155 亩的木瓜每天都送来了甘霖。“如果采用常规的农用漫灌是不可能实现每天都能给每一个地块浇水的，而且也没有那么多水”，这解决了木瓜的灌溉和肥料的施放问题。

3. 木瓜致富，带动村民走上致富路

“我清楚地记得 2016 年 10 月 9 日，我们果园卖出第一车木瓜 8 325 斤，价格是每斤 1 块 3”，韦情说。村民第一次看到，原来被他们嫌弃的木瓜竟然这么值钱。而且，村里一下子变得热闹了起来，平时少车进出的村子，几乎每一天都要有大卡车进出，韦情在 2 个多月的时间里一下子卖了 43 车总共 37 万多斤木瓜，等着看笑话的村民彻底服了这两个“大学生农民”。

“我们这儿的农民思想观念落后，对不能马上变成钱的新事物是无法接受的”，韦情说，他之所以选择回乡创业也是想带动一方农民走上致富路。木瓜的生长周期只有 220 天，可以实现当年种植当年收获，种植之后，一年四季都可以采摘，农民更容易接受，就更容易带动了。“看到我们这么快就赚到钱了之后，很多农户也想尝试种植”，于是 2016 年 11 月 3 日，由韦情发起成立了马山县润田种植专业合作社，并有 9 名农户参与，其中还有 4 名成员是当地贫困户。

截至 2018 年 5 月份，这个被称为“不知天高地厚的大学生”已经卖出了 87 万多斤的木瓜，他的产品远销北京、上海、成都、重庆等大城市，并能够让村里10多名留守妇女和老人有工作，让8名贫困户一年可以有5 732元的收入。村里的贫困户覃瑞香阿姨笑着说："自从屯里种植木瓜之后，我有了活干，相比外出打工，在这里干活更实在，既可以照看家里，也有不错的收入，从去年到现在，我在木瓜地里做零工都赚了16 000多块！"

"我们就是想让村民知道，其实种地一样也可以很赚钱"韦情说，他自己以前就生长在那片土地上，他知道这些生在那长在那的人都很不容易，所以他要用自己所学的知识，尽自己的努力，让生长在那的人过得更好。

"这儿的农民只有那可怜的一亩三分地和个把子力气，那我们就尽可能地把土地的利用率最大化，效益最大化，所以我们要打破常规种植模式"，韦情说，他们合作社3年内要把木瓜种植产业做到500亩，并带动农户种植200亩，形成兴华村的特色产业。

"农民怕种植无非就是怕卖不出去，而我能够给予他们的帮助就是利用我手里的市场资源，实现他们农产品利润的最大化"，现在跟韦情合作的大客户有37个之多，而且每一个客户对木瓜的需求量一年都是超过100万斤。

韦情说："广西有个香蕉大王了，还没有木瓜大王，我想做这个王，人还是要有梦想的，万一实现了呢。"

（资料来源：马山广播电视台）

整理：广西快乐农业

创业项目二　建造心中的有机农业"伊甸园"神农田园

很多大学生毕业后纷纷选择与互联网相关的工作，而有这么几个"另类"的年轻人，他们大学毕业后一头扎进农村，和农民兄弟一样每天耕作在田间地头。他们是来自华南农业大学和中南林业科技大学的3个涉农专业大学生。

2013年大学毕业后，他们相约来到离广州市区约70公里外的从化区城康村，承包了一块地，建造了一个有机农场——神农田园。他们充分发挥自己农学专业的优势，将在学校学到的农业知识付诸实践，探索打造心中的有机农业"伊甸园"。

我的自述。

我——李卫鹏，是这个项目的发起人之一。我来自陕西农村，从小跟随父母做农活，体会到农民的艰辛和农业的不易，看到祖祖辈辈们在地里"面朝黄土背朝天"

地艰辛“刨食”，立志要在农业领域做出一番事业，想办法改变农业的现状。

我高中毕业后进入广西大学学习园艺学，本科毕业后又到华南农业大学进修蔬菜学专业硕士。在本科和硕士学习的7年时间里，我掌握了各种蔬菜瓜果等农作物的有机种植技术，也深知化肥、农药、激素、抗生素、除草剂、转基因等对人体健康的危害，看到社会上人们越来越多的疑难怪病，我深知原因所在，觉得痛心不已。

大学里意气风发的李卫鹏。

在上学期间，社会上发生了很多触目惊心的食品安全事件，我也是看在眼里记在心里，更让我坚定了建造一个有机农场的想法，用CSA（社区支持农业）模式保障会员的餐桌安全，并以此探索改变中国化学农业的现状。

2013年6月，我硕士还未毕业，就和同为农业专业的朋友邓小刚和唐友生一起着手有机农场的创建事宜，并选择到素有“北回归线上的明珠”和“广州后花园”之称的从化，实践自己心中的有机农业“伊甸园”。为解决启动资金问题，我们东挪西凑借了一笔资金，同时以会员预付款的形式滚动解决现金流问题。

经过多番寻找和严谨比较，我们最终选择在从化城郊街的城康村建造有机农场。在租地前，我们对土壤做了土样检测，土壤符合生态有机标准，我们才确定选址这里。

李卫鹏他们在租地前做土壤取样检测。

这里临近清远佛冈，有着优美的自然风光，生态环境保护良好，在这里建造有机农场生产基地，享有优质土壤、清澈水源和清新空气的天然优势。

我们将农场取了一个好听的名字——神农田园。

我的项目。

很多人问我为什么叫“神农田园”，这有一点含义，“神农”是我国原始农业的发明者，他教人们开垦土地、播种五谷，促进了原始社会由渔猎畜牧到农业经济的转变和发展，我们取名“神农田园”，是期望它能保佑农业收成和人民健康。

在租下地块后，为节省成本，我们3个刚走出大学校园的稚嫩年轻人，有着初生牛犊不怕虎的干劲，每天亲自下到地里干活，从前期的割草、平地、修路、耕作到后来的育苗、栽种、堆肥（有机肥）、拔草等，全都亲力亲为，把控每个环节。在那段时间里，我们几乎都是在地里摸爬滚打，比普通农民还辛苦，因为我们要一边摸索一边实践，还要督促和指导工人干活。

他们经常和工人一起下地干活。

为了工作方便，我们在农场旁边的村子里租了几间房用于办公和员工住宿。

我为了方便照看农场，则租住在农场边上一栋村民楼的顶楼房间里。站在楼顶天台上可以看到整个农场的全貌，晚上没事时，我就喜欢站在天台上俯瞰农场，心里惦念着农场里的每个细节，总想着怎么将农场做得更好。

虽然是农场办公室，但透过书架和文件柜能看出他们和普通农场主的区别。

关于租住这个村民楼的顶楼房间，当时还费了很大周折。这是村里一栋独立的村民楼，只有两个老人在家，其儿子在广州一所大学做老师，平时很少回来。当初，我提出租房时，老人儿子听说是做农场的，怕把家里搞得很脏乱，而自己也不缺这么一点租金小钱，就怎么也不同意出租。后来有一天，两位老人去广州他儿子那里办事，我就写了一封信托老人带给他儿子，我在信中重点介绍自己做有机农业的梦想。这位大学老师深知大学生在农村创业的艰辛，被我的执着精神感动了，最后爽快地答应了。住进去后，我每天打扫卫生，而且进出都很小心，尽量不影响两位老人的日常生活。现在，他和这老两口打成一片，成了好朋友，老人还经常给我们帮点力所能及的小忙。

李卫鹏和房东大叔已成为“忘年交”好友。

我们坚持做到“五不”（不使用化学合成农药、兽药；不使用化肥、化学合成饲料；不使用转基因技术；不使用除草剂；不使用激素及抗生素）和“三当”（当地主产品种，不外购；当季主要品种，无反季；当时成熟品种，不催熟），并公开所有生产过程，详细记录形成生产日志，会员通过查询生产日志，可以追溯到产品的生产细节。为了取信于消费者，我们还主动将产品送到农业部农药残留质量监督检测中心做全方面检测，48 项指标全部合格，未检测出任何农药残留。

农业部农药残留检测报告。

此外，神农田园还以会员形式组成消费合作社，并成立了会员理事会，理事会定期召开会议，总结讨论农场生产及其产品品质方面的事情，我们要在会上向会员理事会汇报工作。此外，所有理事会成员均可通过现场监督、查看日志、观看视频等方式履行监督职责，对所有会员负责。

会员理事会定期召开会议，总结讨论农场生产及其产品品质方面的事情

农场将精心包装好的农产品快递配送给广大会员，每周配送 2 次，形成从农场到餐桌的供应闭环，没有任何中间环节，保证产品安全。

神农田园保障了会员家庭的全食谱健康餐桌，让会员一家老小吃得健康、放心。

农场请了周边村庄的 10 多个村民干活，这些村民都是干农活的好手，但他们

以往都是按照传统的方式耕种，为了追求产量和减少劳动，都是大量使用化肥、农药和除草剂等化学品。由于文化学历都不高，他们都不太理解我讲的有机农业，更是对不使用任何化肥、农药和除草剂的生产劳作要求感到不解，说全世界种田都用这些东西，神农田园为何不用？“现在谁还人工拔草？除草剂几块钱的成本而已，能减少很多人工，为何不用？”我清晰记得第一次要求工人手工拔草时的情景，很多工人都是这样反问我。甚至还有工人为此提出离职，不想干，说这样种田太累了，他们以为还是像自己以往那样干活，施完化肥、打完农药、喷完除草剂就可以回家打麻将、看电视、聊天了。还有很多周边的村民对我们嗤之以鼻，说我们这些大学生可能是书读多了，把人读傻了，怎么现在种田还要人工拔草。后来，我耐心地向村民解释，并强化工人在有机农业方面的基础培训，逐步提高了村民对有机农业的认识，再加上我们 3 个人的亲力亲为和以身作则，工人们也都能够严格按照有机农业的要求耕种。

工人在施有机肥。

虽然神农田园请了一些村民干活，但我们 3 个农学毕业生还都坚持亲自下到田间地头干活，和农民工人打成一片。3 年多来，一千多个日日夜夜，我们几乎都是泡在地里，用自己的技术、智慧、勤劳和汗水浇灌着神农田园的成长，实践着有机农业的每一个细节，不忘初心地践行着我们对有机农业“伊甸园”的梦想。

为了将有限的资金和利润投入到农场的滚动发展中去，几年来我们 3 个人每月都只拿微薄的 2 200 元工资，用于日常基本生活开支。对于在广州一线城市工作的大学生来说，这点工资简直是微乎其微，甚至比我们聘请的农场工人工资还要低不少，但我们毫无怨言，依然风雨无阻、干劲十足，为的就是自己心中的那个田园梦。“我们吃住都在农场里，生活成本相对来说低很多，而且我们吃的都是有机食品，再加上平时都干体力活，身体都很健康，这些年来几乎都没生过病，医疗费也替我们省了不少。这也算是苦中作乐吧！”

此后，有 2 名华中农业大学的学弟被我们的精神感动了，也义无反顾地加入神农田园，成为农场的生产技术管理人员。现在，我们不到 200 亩规模的农场就有着 5 名农业本科以上学历的生产技术和管理人员，可以说是我国农学专业人才密度最高的农场之一。

3 年多来，神农田园始终坚持公开透明，接受社会各界的监督。农场先后接受了中国新闻社、广东卫视、南方卫视、广州电视台、广州日报等媒体的采访和报道。神农田园优良的产品品质和公开透明的经营理念，得到了广大会员及社会各界的一致认可。

神农田园的好口碑，也吸引了各类媒体的广泛报道。

迄今为止，公司没有做任何广告形式的宣传和推广，都是一些老会员自发带来新会员，每月都有不少新会员慕名而来，截至2017年3月，农场会员达到430多户，大部分来自珠三角城市，还有少部分来自广东省内其他城市，预计到今年年底将突破500户。神农田园的会员都比较优质，大部分都是公务员、教师、律师、医生和企业家等群体，他们对饮食健康非常关注，对产品品质要求很高。“因此，我们更要将产品品质做好，不能有任何的疏忽和麻痹心理，否则对不起他们对我们的信任。”

不少新会员都是慕名而来。

3年来，神农田园不仅受到媒体和社会各界的关注，也得到了各界政府的高度认可和大力支持。从区政府到市政府，再到省里面甚至农业部，都有领导来神农田园视察，对我们做的有机农业事业给予充分肯定。“我记得，去年农业部在得知我们的情况后，专门派了一个专家组来我们这里考察，总结我们的生态有机农业模式，他们看过现场并听了我们的介绍后，觉得非常好，说要在全国推广。”

农业部专家组前来农场考察，对神农田园的生产模式和产品品质给予高度肯定。

2014年5月，我们受邀参加了广东省“挑战杯·创青春”大学生创业大赛，经过几轮比赛和层层选拔，最终获得银奖，受到时任广东省委副书记马兴瑞（现任广东省省长）的高度肯定。

马兴瑞省长视察神农田园参赛展位，并与李卫鹏交流。

随着产品口碑的广泛传播，农场会员自然增长比较快，此外还有不少老会员希望增加品类和品种数量。为此，2015年8月，我们在城康园附近一个山坳里又建了一个养殖基地。养殖基地位于一个半封闭的山坳里，这里青山绿水，人迹罕至，这样不被外界打扰，不会有病菌感染，非常适合养殖禽畜。农场四周群山环绕，山清水秀，空气清新，空气中的负氧离子高达每立方厘米8万个，平时很少有人进去，仿佛现实版的世外桃源。这么好的人间仙境，人进到里面都不想离开，生活在这里的土猪和鸡鸭鹅们是何等的幸福。天气好的时候，农场将禽畜散养在四周的山脚下，它们开心地四处奔跑、觅食，简直就像休闲度假。

土鸡满山跑，自己到处找吃的。

养殖基地离城康园不远，只有5分钟的车程，方便员工来回协同管理。目前，城康园主要种植蔬菜瓜果和水稻，面积 135 亩；养殖基地主要养殖土猪和鸡鸭鹅等家禽，面积 30 亩。平时，农场工人将城康园多余的蔬菜和一些品相不好的产品拉到养殖基地，喂给土猪和鸡鸭鹅吃。与此同时，他们再将禽畜的粪便制作堆肥，用在城康园的田地里，目前已经实现有机肥的自我循环供应。“这就是人们通常所说的生态循环农业模式，我们在大学里也学过。农场现在节省了不少饲养成本和有机肥的费用，同时还减少了排污。”农场工人每天都要打扫和消毒，保持农场和圈舍的干净卫生，人在猪圈边上都几乎闻不到异味。

农场用剩余的蔬菜喂猪。

有了这 2 个园区，农场由最初的单一蔬菜产品升级为全食谱农产品。除了各种蔬菜瓜果之外，我们还有大米、鸡、鸭、猪、禽蛋、菜干、酸菜、辣椒酱、猪油、腊肉等，共约 90 个品种。这些干菜和酱菜也都是用我们农场的新鲜蔬菜加工的，而且都是按照传统方式加工的，没有任何化学添加剂，绝对健康安全，为广大会员打造真正的全食谱安全餐桌。

农场纯手工制作、无任何添加的辣椒酱。

此外，农场还结合自身条件，开展农耕体验和农科教育活动，除了接待自己的会员以外，还对外开放给相关的组织机构。据统计，截至 2016 年底，我们共接待了超过 3 000 多人次的参观、游玩和体验，有的会员甚至不定期带家人过来干农活，体验真正的农耕生活。虽然都市人很少干过这样的体力活，但不少会员都不觉得劳累。

会员孩子们在农耕教育中获得锻炼和成长。

“他们觉得这样既锻炼了身体，又收获了农耕生活的乐趣。对此，很多会员经常过来，他们乐此不疲，玩得很开心。这也是我们希望看到的结果，如果所有的会员都不仅能吃到健康安全的农产品，还能在这里收获很多的乐趣，对我们来说是一件很开心的事情。”

负责客服工作的唐友生，经常为会员的好评感到开心不已。

3 年来，我们不仅建造了 2 个有机农业园区，还从农场未来发展的角度，在硬件和软件 2 方面打下了坚实的基础。在硬件方面，基地建有 17 亩蔬菜大棚、1 个冷库及分拣包装车间、1 个养殖场等设施；在软件方面，公司编撰了《安全农品标准生产手册》《安全农品服务标准手册》，并完善了《会员服务标准流程》等服务体系。更重要的是，我们现在的发展方向已经明朗，业务模式验证可行，而且已经实现小规模盈利。

发展规划。

未来农场将向2个方面发展。一方面，将扩大农场规模，目前神农田园已经在产品技术、生产、服务和管理等方面形成了一套可复制的标准，可实现规模化扩张，时机成熟时将在现有农场周边或其他地区建设新的基地，由总部输出技术和管理，各个园区做相对独立运营，但同时实现各个基地之间的协同发展，力争3～5年内覆盖整个珠三角，并辐射到整个广东，让更多的人拥有全食谱健康餐桌。

另一方面，我们将结合园区的资源、条件和设施来开展农业休闲旅游业务，在园区增加一些民宿、野炊、露营、垂钓、篝火晚会等项目，并全面开展农耕体验、农科教育、农乐野趣等农业体验活动，将农业生产和休闲体验紧密结合、协同发展、共同提升，打造成一个供会员共享的有机庄园。

未来，神农田园将把养殖基地打造成这样的休闲农庄。

休闲农业不仅能为公司带来一项新的营收业务，还能为广大会员和客户提供全新的农业休闲体验及度假服务。这样能将生产农业和休闲农业协同起来发展，为我们的会员客户提供全方位的健康田园生活服务，让大家都能在享受都市繁华的同时能有条件回归田园生活，我相信这是很多人心中的田园梦想，我们一起来努力实现这个梦想！

为何众筹？

目前，项目虽然可以实现盈利，但如果仅仅是这么一点规模，只服务这几百个会员，对解决社会食品安全问题这个大环境的作用非常有限，这离我们当初做这个项目的初衷还比较遥远。

我们希望能聚集到更多的资源，吸引到更多的人才进来，大家共同努力，将神农田园打造成中国安全农业家园的标杆，使之成为广大会员客户得以信赖的安全食品生产基地和体验农耕生活的休闲乐园。

因此，我们决定通过股权众筹来吸纳一小批志同道合、志趣相投的人进来，让这些同样具有农业情怀和田园梦想的朋友成为农场的主人，和我们一起共筑这个美好的田园梦想。

我们是一群在广州从化创业的大学生，致力于保卫您的餐桌安全，坚持“五不”标准生产，您如果对层出不穷的食品安全问题深恶痛绝，又苦于找不到放心的食材，不妨试试神农田园的安全农产品。

（资料来源：神农田园）

创业项目三　赚钱休闲农业——经典案例

农业兴则百业兴，农民富则社会富。人类向往自然，农业拥有最多的自然资源，所以农业不仅能为我们提供赖以生存的食物，还是提供休闲体验最适当的旅游资源。农业不仅具有生产性功能，还具有改善生态环境质量，为人们提供观光、休闲、度假的生活性功能。因此，生产、生态、生活成为休闲农业发展的基本思路和实践准则，传统农业也正一改以往的掠夺式生产模式，逐渐向农旅结合、以农促旅、以旅强农的休闲农业与乡村旅游方向转型，日益成为农村二、三产业的重要组成部分，成为统筹城乡发展的有效途径。

休闲农业是根植于农业、农村、农民并服务于城乡居民的产业。欧美等国家已发展农业旅游 100 多年，我国已发展了 20 多年。目前，我国休闲农业和乡村旅游步入良好的发展机遇期，并已逐步形成省、地、县、乡、村多层次共同推进的格局。随着休闲农业的快速发展，休闲农业规划设计与开发越来越受到产、学、研等各方面的关注。

一、国外休闲农业规划与开发经典案例

1. 韩国——周末农场型

韩国发展休闲农业的经典形式为“周末农场”和“观光农园”，以江原道旌善郡大酱村为例：大酱村首先抓住游客好奇心，出奇制胜地由和尚与大提琴家共同经营，利用当地原生材料，采用韩国传统手艺制作养生食品的方式制造大酱，既符合现代人的养生学，还可以让游客亲临原初生活状态下的大酱村，同时节省资本、传承民俗文化特色。此外休闲农业的经营者还特别准备了以 3 000 个大酱缸为背景的大提琴演奏会，绿茶冥想体验，赤脚漫步树林及美味健康的大酱拌饭，增加了游客的体验性，体现了乡村旅游的就地取材、地域特色浓郁的同时迎合了修身养性的市场需求，成功地吸引了大量客源。

可借鉴之处：以“奇”为突破口，和尚与大提琴家共同经营是创意的奇特，配合这样的理念，开展 3 000 个大酱缸为背景的大提琴演奏会，是奇特的实践，再者，将韩国泡菜、大酱拌饭为核心招牌突出乡土气息也是乡村旅游发展的灵魂。

2. 其他亚洲发达国家——生态交流型

相对于欧美，休闲农业起步较晚的亚洲发达国家发展速度却极其迅速。以体

验农村生活为主题的电视节目、杂志和报纸在当今城市居民对农业、农村需要高涨的背景下人气非常旺盛，因此生态交流型的乡村旅游在该地区受到欢迎。典型代表是日本的大王山葵农场，该农场以黑泽明导演的电影《梦》拍摄地点而闻名日本全国，每年吸引约120万访客旅游。这种以农场为依托，以媒体传播为宣传手段也是乡村旅游发展的方向之一。

可借鉴之处：宣传手段，通过影视作品来促进休闲农业的发展，提升品牌一直是行之有效的宣传手段，所以在条件允许的情况下，可以通过这样的方式来宣传乡村旅游目的地，更重要的是提示休闲农业经营者宣传促销的重要性。

3. 欧洲乡野农庄型

欧洲国家休闲农业发展最早，并形成多元化的乡村旅游形态，在这之中，“民宿农庄”“度假农庄”尤为典型。这种形态的旅游或以度假为主的民宿农庄、露营农场，或以美食品尝为主的农场饭店的形式开展，也有以适应欧洲居民习俗的骑马农场、教学农场、探索农场和狩猎农场等形式发展起来。例如在法国、奥地利、英国的农村，将旅游住宿附加球场、赛马场、钓鱼场、园林等设施，迎合休闲旅游者需求。

可借鉴之处：增加休闲农业的参与性项目，欧洲国家这种休闲农业的发展本身就是由赛马、高尔夫球、钓鱼等实际参与性活动的催生而形成的，可见对于休闲农业的发展其参与性项目的重要性，民俗、露营、美食品尝等进行当地特色化也是乡村旅游发展的重点之一。

4. 法国普罗旺斯

法国南部地中海沿岸的普罗旺斯不仅是法人喜爱的最美丽的乡村度假胜地，更吸引来自世界各地的度假人群。普罗旺斯的特色植物——薰衣草几乎成为普罗旺斯的代名词，其充足灿烂的阳光最适合薰衣草的成长，因此，游客不仅可以欣赏花海，还带动了一系列薰衣草产品的销售。除了游览，其特色美食——橄榄油、葡萄酒、松露也是享誉世界。还有持续不断的旅游节庆活动，以营造浓厚的节日氛围和艺术氛围，不断吸引来自全球度假的游客。

5. 澳大利亚葡萄酒庄园

澳大利亚乡村葡萄酒庄园已成为澳大利亚本地及世界旅游市场的热门度假项目之一。最具特色的当然还属其葡萄酒酿造业，澳大利亚的葡萄酒蜚声海内外，以口感好、甜味适中，价格实惠著称。游客不仅因葡萄酒而来，也被其特色壮丽的葡萄种植园和庄园城堡的特色景观吸引。葡萄酒庄园还围绕葡萄酒酿造开展了丰富的旅游活动，如葡萄采摘、葡萄酒品尝、参观葡萄酒酿制过程、参加酒艺培训学校等，完美地结合了乡村产业与乡村旅游。

二、国内休闲农业规划经典案例

1. 江苏华西村

江苏省江阴市华士镇的华西村依托休闲农业成为全国闻名的现代化示范村，其推出的“农家乐趣游”“田园风光游”“休闲生态游”等旅游产品满足了都市人们体验农家生活、追求休闲、度假的需求，同时开辟了农家乐特色游，住传统农舍、烧传统锅灶、用传统厨具，自钓活鱼、自摘蔬菜、自饮自娱，让城市游客不仅尝到鲜美地道的农家菜，也感受到农村和农家生活的新鲜和乐趣。丰富了休闲农业发展的内容，也为华西村提供了一个有效致富之道。

可借鉴之处：传统特色项目的深度挖掘，产品多样化发展。开展“农家乐趣游”“田园风光游”“休闲生态游”的同时，通过住传统农舍、烧传统锅灶、用传统厨具，自钓活鱼、自摘蔬菜体现了乡村特色。

2. 成都“五朵金花”

以花卉产业为载体发展乡村休闲旅游的“五朵金花”是成都锦江区三圣乡 5 个村的雅称。采取自主经营、合作联营、出租经营等方式，该区域的农户依托特色农居，推出休闲观光、赏花品果、农事体验等多样化的休闲农业项目，现已形成了红砂村的“花乡农居”、幸福村的“幸福梅林”、驸马村的“东篱花园”、万福村的“荷塘月色”、江家村的“江家菜地”等著名休闲农业景点，吸引着众多游客前往，成为休闲农业开发的典范。

可借鉴之处：发挥区域合作优势，突出主题产业载体，乡村旅游发展中的瓶颈之一就是力量单薄，无论是资金、基础设施还是所依托的景区资源，基本上每个乡村旅游发展过程中都会遇到相关问题，所以在“五朵金花”的案例中，将 5 个村子联合起来，以花卉产业为载体的发展模式为乡村旅游的区域合作发展，增加项目发展的凝聚力提供了突破口。

3. 嘉善休闲农业

嘉善县通过积极培育发展休闲观光农业，形成了以碧云花园为代表的农业园区型，以浙北桃花岛为代表的基地拓展型，以汾湖休闲观光农业带为代表的资源景观型，以祥盛休闲农业园、龙洲休闲渔业园为代表的特色产品型，以西塘荷池村、陶庄渔民公园为代表的“农家乐”型等多种休闲观光农业和乡村旅游。并于 2011 年 3 月获得了农业部和国家旅游局联合授予的首批“全国休闲农业与乡村旅游示范县”

称号。

可借鉴之处:休闲农业的休闲化,随着观光旅游逐渐向休闲产业转换的过程中,嘉善休闲农业将观光业和休闲业很好地结合起来,为乡村旅游的与时俱进开辟了一条道路。

4. 贵州余庆白泥坝区现代农业旅游规划

余庆地处黔北南陲,系遵义、铜仁、黔东南、黔南4地州(市)的结合部。北与湄潭,东与石阡、凤冈,南与黄平、施秉,西与瓮安接壤。北部、中部为乌江河谷阶地,县城所在的白泥盆地,是贵州省著名的万亩大坝之一。规划区紧靠余庆县县城,白泥万亩大坝是贵州省19个万亩大坝和全国100个万亩大坝之一,是余庆县粮食生产的主要地区,具有良好的区位发展优势。

可借鉴之处:水资源是开展休闲农业不可或缺的资源之一,流动的水能有效地带活乡村旅游,让乡村充满活力;亲水性的旅游项目,更容易让游客体验最为原始的乡村生活场景。所以本次设计充分依托余庆县自身的山水景观特色,充分挖掘和提炼地段中的自然环境要素,通过有机的设计使人在规划区中充分感受到山、水,突出山、城、水、绿交融的生态格局,从而形成深刻的旅游印象。

(资料来源:趣玩乡村,由广西快乐农业整理)

附录二

农业创业计划书

企业名称

创业者姓名

日　　期

通信地址

邮政编码

电话/手机

传　　真

电子邮件

一、企业概况

(一)企业概述

(二)企业类型(选择一项并"√")

(农业种植、农业养殖、农资经营、家庭服务、农机经营、新型产业、其他)

二、创业计划者的个人情况

(一)以往的相关经验(包括时间)

(二)教育背景,所学习的相关课程(包括时间)

三、市场评估

(一)农业企业目标顾客及潜在顾客描述

（二）产品市场容量或本企业预计市场占有率

（三）企业未来市场容量的变化趋势及前景

（四）SWOT 分析

优势	劣势
1.	1.
2.	2.
3.	3.
机会	威胁
1.	1.
2.	2.
3.	3.

四、市场营销计划

（一）产品

农业产品或提供服务	主要特征

(二)价格

农业产品或提供服务	成本价	销售价	竞争对手的价格
折扣销售			
赊账销售			

(三)地点

1. 选址细节

地址	面积(平方米)	租金或建筑成本

2. 选择该地址的主要原因

3. 销售方式(选择一项并“√”)

将把产品或服务销售或提供给:(　)最终消费者　(　)零售商　(　)批发商

4. 选择该销售方式的原因

（四）促销

人员推销		成本预测	
广告		成本预测	
公共关系		成本预测	
营业推广		成本预测	

五、企业组织结构

企业登记注册成：（选择一项并“√”） 个体工商户　农村家庭承包　个人独资企业　合伙企业 农民专业合作社　有限责任公司　其他	
拟议的企业名称	
员工工作描述书（包括工作岗位说明，部门管理规范等，可另附页）	
职务	预计费用
业主或经理	
员工	
企业将获得的营业执照、许可证：	
种类	预计费用
企业的法律责任（保险、纳税）：	
种类	预计费用

合伙（合作）人与合伙（合作）人协议：

条款	合伙人			
出资方式				
出资数额与期限				
利润分配和亏损分摊				
经营分工、权限和责任				
合伙人个人承担的责任				
协议变更和终止				
其他条款				

六、固定资产

(一)工具和设备

根据预测的销售量,假设达到100%的生产能力,企业需要购买以下设备:

名称	数量	单价	总费用(元)	供应商	地址	电话或传真

(二)交通工具

根据交通和营销活动的需要,拟购置以下交通工具:

名称	数量	单价	总费用(元)	供应商	地址	电话或传真

(三)办公家具和设备

名称	数量	单价	总费用(元)	供应商	地址	电话或传真

(四)固定资产和折旧概要

项目	价值(元)	年折旧(元)	月折旧(元)
合计			

七、流动资金（月）

（一）原材料和包装

名称	数量	单价	总费用(元)	供应商	地址	电话或传真

（二）其他经营费用(不包括折旧费和贷款利息)

项目	费用(元)	备注

八、销售收入预测（12 个月）

项目 \ 月份		1	2	3	4	5	6	7	8	9	10	11	12	合计
	销售数量(千克)													
	平均单价(元)													
	月销售额(元)													
	销售数量(千克)													
	平均单价(元)													
	月销售额(元)													
	销售数量(千克)													
	平均单价(元)													
	月销售额(元)													

续表

项目＼月份		1	2	3	4	5	6	7	8	9	10	11	12	合计
	销售数量(千克)													
	平均单价(元)													
	月销售额(元)													
	销售数量(千克)													
	平均单价(元)													
	月销售额(元)													
	销售数量(千克)													
	平均单价(元)													
	月销售额(元)													
	销售数量(千克)													
	平均单价(元)													
	月销售额(元)													
合计	销售总量													
	销售总收入													

九、销售和成本计划

项目＼月份	1	2	3	4	5	6	7	8	9	10	11	12	合计
含税销售收入(万元)													
流转税													
销售额													
直接材料成本													
直接人工成本													
毛利													
间接成本													
纯利													

十、现金流量计划

单位:元

项目 \ 月份		1	2	3	4	5	6	7	8	9	10	11	12	合计
现金流入	月期现金状况													
	业主投资													
	银行贷款													
	现金销售收入													
	赊账销售收入													
	现金流入总额													
现金流出	机器、设备投资													
	厂房和土地投资													
	直接材料成本													
	直接人工成本													
	开办费用													
	土地租金													
	机械租金													
	农业保险费用													
	其他间接成本													
	现金流出总额													
月底现金														

参考文献

[1]靳伟,李秀枝,成守敏．新型职业农民培训教材[M]．北京:中国农业科学技术出版社,2015.

[2]MBA核心课程编译组．资本运作[M]．北京:九州出版社,2002.

[3]陈凯元．你在为谁工作[M]．北京:机械工业出版社,2007.

[4]傅浙铭．营销诊断实务[M]．广州:广东经济出版社,2002.

[5]农业部农民科技教育培训中心　中央农业广播电视学校．开始你的农业创业[M]．北京:中国农业出版社,2010.

[6]赵洪涛,李果果,刘要鑫,等．沃柑在广西发展的优劣分析及对策探讨[J]．南方园艺,2016,27(3):12-16.

[7]我国家庭农场规模及发展情况分析,中国产业洞察网[引用日期2013-06-5].

[8]刘志,刘银来．现代农业创业基础[M]．湖北:科学技术出版社,2015.

[9]陈全胜,周桃英．如何创办你的种植企业[M]．湖北:科学技术出版社,2014.

[10]国际劳工组织北京局．创办你的企业[M]．北京:中国劳动社会保障出版社,2003.

[11]中国食用菌行业现状调研分析及市场前景预测报告(2016版),中国产业调研网 Cir. cn.

[12]高琳．食用菌市场未来趋势．农家致富．2009. 10.

[13]刘振祥,谭爱华,杨辉德．食用菌栽培学．武汉:华中师范大学出版社,2008. 6.

[14]崔悦．食药用菌行业迎来黄金时代．国际商报(市场新闻)2009. 8. 26.